TEA BOOK

品茶有讲究

闻香识好茶

郑春英 主编

农村读物出版社

中国农业出版社

北京

图书在版编目（CIP）数据

品茶有讲究·闻香识好茶／郑春英主编．— 北京：
农村读物出版社，2020.11
ISBN 978-7-5048-5767-5

Ⅰ．①品… Ⅱ．①郑… Ⅲ．①茶叶－基本知识 Ⅳ．
①TS272.5

中国版本图书馆CIP数据核字（2018）第250293号

品茶有讲究·闻香识好茶

PINCHA YOUJIANGJIU · WENXIANG SHIHAOCHA

农村读物出版社出版
地址：北京市朝阳区麦子店街18号楼
邮编：100125
策划编辑：刘宁波
责任编辑：李　梅　甘露佳
版式设计：水长流文化　责任校对：吴丽婷
印刷：北京中科印刷有限公司
版次：2020年11月第1版
印次：2020年11月北京第1次印刷
发行：新华书店北京发行所
开本：710mm×1000mm　1/16
印张：9.25
字数：240千字
定价：39.90元

版权所有·侵权必究
凡购买本社图书，如有印装质量问题，我社负责调换。
服务电话：010－59195115　010－59194918

目录

二 七茶共舞

三十大名茶任我品

7

目前，饮茶已经成为了许多人日常生活的一部分。只有了解茶叶的基本知识，才能更好地品鉴茶的韵味。

解码

中国茶

乔木型古茶树

南方有嘉木

我国的茶产区主要位于南方地区，这与气候、土壤等自然条件有密切关系。茶树对生长环境的要求为：①土壤：宜酸不宜碱。南方茶园土壤的pH一般是4.5～5.5，为酸性土壤。而北方土壤多为碱性土壤。②光照：宜光不宜晒。南方光照充足，但是由于降水较多，又不至于让茶树受到暴晒。③气温：宜暖不宜寒。最适宜茶树生长的温度是18～25℃。南方冬季相对温暖，而北方冬季温度过低，茶树难以成活过冬。④干湿：宜湿不宜干。茶树是叶用植物，芽叶的生长需要充足的水分，季节性干旱或排水不畅都会导致茶树根系发育受阻，不利于茶树生长。相比较来说，南方地区比北方地区降水量更大。

综上所述，南方的自然条件更适合茶树生长，而北方大部分地区不适合茶树生长。

茶树分类方法

　　茶树有多种分类方法，如形态分类、生态分类、品种分类等。最常见的茶树分类方法有两种。一种是根据自然生长情况下茶树的高度和分枝习性，将茶树分为：①乔木型茶树，有明显的主干，分枝部位高，通常树高为3米以上；②半乔木型茶树，树高和分枝介于乔木型茶树和灌木型茶树之间，通常树高为1.5米左右；③灌木型茶树，没有明显的主干，分枝较密，树冠矮小，通常树高为1米以下。另一种是根据茶树成熟叶片的长度、宽度，将茶树分为：①特大叶种茶树，叶长14厘米以上，叶宽5厘米以上；②大叶种茶树，叶长10～14厘米，叶宽4～5厘米；③中叶种茶树，叶长7～10厘米，叶宽3～4厘米；④小叶种茶树，叶长7厘米以下，叶宽3厘米以下。

茶叶分类方法

茶叶有多种分类方法，常用的有以下几种：

①按发酵程度，分为绿茶（不发酵茶）、白茶（微发酵茶）、黄茶（轻发酵茶）、乌龙茶（半发酵茶）、红茶（全发酵茶）和黑茶（后发酵茶）。

②按采制时间，分为春茶、夏茶、秋茶和冬茶。

③按加工程度，分为基本茶类和再加工茶类。

④按产地海拔，分为高山茶和平地茶。

最常见的茶叶分类方法

最常见的茶叶分类方法，是按照加工程度，将茶叶分为基本茶类和再加工茶类。

基本茶类根据茶多酚氧化程度不同而呈现的茶色，划分为以下6种：①绿茶：为不发酵茶，干茶、汤色、叶底均为绿色，是中国历史上最早出现的茶类。由于制作时未经发酵，茶树鲜叶的颜色少有改变，因此茶保持了天然的绿色。②红茶：为全发酵茶，特点为红汤、红叶底。③乌龙茶：又叫青茶，为半发酵茶。不同品种的乌龙茶发酵程度不同，台湾的包种茶发酵程度较轻，福建的武夷岩茶和台湾的白毫乌龙发酵程度较重。乌龙茶汤色橙黄，叶底为"绿叶红镶边"。④白茶：为微发酵茶，茶叶呈银白色，因此叫白茶。白茶在制作时未经揉捻，因此汤色为浅杏黄色。⑤黄茶：为轻发酵茶，特点为茶汤杏黄、叶底嫩黄。⑥黑茶：为后发酵茶。黑茶原料粗老，发酵时间较长，干茶颜色为油黑或黑褐色，汤色橙黄至红浓，叶底黄褐至红褐。

以基本茶类的茶叶为原料，经再加工制成的茶为再加工茶。根据再加工的方法，再加工茶又分为花茶、紧压茶、香料茶、萃取茶、果味茶和药用保健茶等，最常见的为以下两种：①花茶：将鲜花加入茶坯中窨制而成的茶为花茶。花茶既有鲜花的芬芳，又有茶叶原有的醇厚滋味。最受欢迎的花茶是茉莉花茶，由烘青绿茶和茉莉花窨制而成。②紧压茶：为了运输和存放方便，将散茶或半成品茶高温蒸软，再压制成饼、砖等形状的茶叫紧压茶。紧压茶的原料主要是黑茶，也有一些绿茶、红茶和乌龙茶。紧压茶大部分是边销茶，主销西藏、青海、新疆和内蒙古等地。

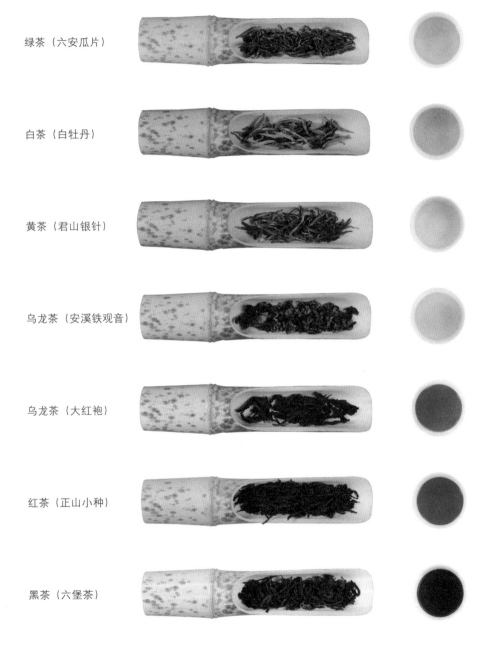

绿茶（六安瓜片）

白茶（白牡丹）

黄茶（君山银针）

乌龙茶（安溪铁观音）

乌龙茶（大红袍）

红茶（正山小种）

黑茶（六堡茶）

中国四大茶区

中国农业科学院茶叶研究所将中国产茶区划分为四大茶区。

■ 西南茶区

位于中国的西南部，包括云南、贵州、四川和西藏东南部，是中国最古老的茶区。

西南茶区出产的名茶

茶类	名茶
绿茶	云南的宝洪茶、滇绿，四川的竹叶青、峨眉毛峰、蒙顶甘露等
红茶	云南的滇红工夫，四川的川红工夫等
黄茶	四川的蒙顶黄芽等
黑茶	云南的普洱茶，四川的边茶等
紧压茶	云南的沱茶、圆茶（七子饼）、竹筒香茶、普洱方茶，四川的康砖茶、金尖茶等

■ 华南茶区

位于中国的南部，包括广东、广西、福建、台湾和海南等地，是中国最适宜茶树生长的地区。

云南易武茶山

四川蒙顶山皇茶园和山地茶园

华南茶区出产的名茶

茶类	名茶
绿茶	广东的古劳茶，广西的桂林毛尖，福建的天山绿茶、雪山毛尖，台湾的三峡龙井等
乌龙茶	广东的凤凰水仙，福建的武夷岩茶、永春佛手、安溪铁观音、黄金桂，台湾的冻顶乌龙、文山包种茶等
黄茶	广东的大叶青茶等
黑茶	广西的六堡茶等
花茶	福建的茉莉花茶等

武夷山山间茶园

■ 江南茶区

位于中国长江以南、南岭以北，包括浙江、湖南、江西、安徽南部、江苏南部和湖北南部等地，是中国主要茶叶产区。

江南茶区出产的名茶

茶类	名茶
绿茶	浙江的西湖龙井、顾渚紫笋，江苏的碧螺春、南京雨花茶、金坛雀舌、南山寿眉，安徽的黄山毛峰、太平猴魁、老竹大方、敬亭绿雪、九华佛茶，湖北的恩施玉露、水仙茸勾茶、碧叶青茶等
红茶	浙江的越红工夫，湖南的湖红工夫，江西的宁红工夫，湖北的宜红工夫，安徽的祁门工夫等
黄茶	湖南的君山银针等
黑茶	湖南的黑毛茶，湖北的老青茶等

■ 江北茶区

位于中国长江以北，包括河南、陕西、甘肃、山东、安徽北部、江苏北部和湖北北部。

江北茶区出产的名茶

茶类	名茶
绿茶	安徽的六安瓜片、舒城兰花，江苏的花果山云雾茶，湖北的仙人掌茶，山东的日照雪青、沂蒙碧芽，河南的信阳毛尖，陕西的午子仙毫、紫阳毛尖等
黄茶	安徽的霍山黄芽等

中国茶的命名

中国茶的命名多与地方名胜、茶叶特点、茶树品种、产地等相关。

①根据名山、名地、名寺命名，如浙江杭州西湖山区的"西湖龙井"，四川蒙顶山的"蒙顶甘露"，江西庐山的"庐山云雾"。

②根据茶叶外形命名，如形似瓜子的安徽六安的"六安瓜片"，形似螺形的江苏苏州的"碧螺春"。

③根据茶叶的香气、滋味特点命名，如具有兰花香的安徽舒城的"舒城兰花"，滋味微苦的湖南江华的"苦茶"。

④根据茶树品种命名，如乌龙茶中的"铁观音""水仙""肉桂""奇兰"等，既是茶叶名称，又是茶树品种名称。

⑤根据产地命名，如浙江安吉的"安吉白茶"，江西婺源的"婺源绿茶"，广东英德的"英德红茶"，安徽祁门的"祁门红茶"等。

茶叶审评

鉴别茶叶品质的好坏，主要采用感官审评的方法。感官评审是用手、眼、鼻、口等感觉器官对茶叶的外形与内质进行评判。茶叶审评在统一审评工具、审评方法、审评标准、审评术语的基础上，由经过国家审核批准的专业评茶师来进行审评。

▦ 茶叶外形审评

茶叶外形的优劣主要根据茶叶的嫩度、形态、色泽和净度来判定。

①嫩度：嫩度好的茶叶芽尖多，叶子细小，通常有茸毫，且茸毫较多；嫩度差的茶叶通常叶子粗大，芽尖少，无茸毫。

②形态：细紧度和整齐度好的茶为好茶；松散的茶为次茶。

③色泽：色泽一致、光润的茶为好茶；色泽灰暗、花杂的茶为次茶。

④净度：优质茶无夹杂物和碎末；劣质茶有夹杂物和碎末。

▦ 茶叶内质审评

首先用茶秤称出3克样茶放入评茶杯中，冲入150毫升沸水，立即加盖后放置5分钟，然后沥净全部茶汤至评茶碗中。此过程称为开汤。

开汤后，闻香气、看汤色、品滋味、评叶底，从而综合判断茶叶内质。

①闻香气：一般进行三次嗅闻，即热嗅、温嗅和冷嗅。热嗅辨别香气是否纯正，有无烟焦味及杂味；温嗅辨别香气的高低和强弱；冷嗅辨别香气的持久程度。需注意，每次嗅闻香气之前要先晃动杯子，使杯子中的茶汤颤动一下，便于香气挥发出来。嗅闻茶香的时间不宜过长，以免因嗅觉疲劳而失去灵敏性。

茶叶审评

②看汤色：判断茶汤颜色的深浅和明亮程度。

③品滋味：用茶匙取茶汤含入口中，用舌循环打转，迅速辨别茶汤滋味的纯正度、浓度和鲜爽度。

茶汤的滋味靠舌辨别，舌根感受苦味，舌尖感受甜味，舌缘两侧后部感受酸味，舌缘两侧前部感受咸味，舌心感受鲜味和涩味。

把茶汤吸入口中后，舌尖顶住上齿龈，嘴唇微微张开，舌稍向上抬，让茶汤摊在舌的中部，再用腹部呼吸，用口慢慢吸入空气，使茶汤在舌面上微微滚动。

需注意，为了保证茶叶滋味审评的准确性，在评茶前不宜吸烟，不宜吃刺激性的食物，以保持味觉的灵敏度。

④评叶底：审评叶底主要通过视觉和触觉来辨别叶底的嫩度、色泽、均匀度和软硬度。审评名优茶时还可将叶底倒入叶底盘中，加入清水，使芽叶漂浮在水中，从而观察叶底的完整性、色泽和嫩度。

■ 茶叶审评工具

①审评盘。又称样茶盘，用于审评茶叶外形。一般用硬质薄木板制成，有长方形和正方形两种。正方形审评盘边长为23厘米，高3厘米，左边有一缺口，便于倒出茶叶。

审评盘

使用方法：放好茶叶之后，双手把盘，具体为一只手堵住缺口处，一只手握住另一边，水平晃动，不需上下摇动。目的是使样茶均匀分布，便于取茶样。

②审评杯。用于泡茶后审评茶叶香气。审评杯为白色瓷杯，杯盖有小孔，杯口有一排锯齿形的缺口，容量一般为150毫升。国际标准审评杯高6.5厘米、内径6.2厘米、外径6.6厘米。我国审评红茶、绿茶毛茶所用的审评杯与审评精茶所用的审评杯不同，其容量为250毫升，杯口为弧形；审评乌龙茶毛茶用钟形杯，容量为110毫升。

审评杯

使用方法：将杯盖盖在审评杯上，从杯口锯齿处倒出茶汤。

③审评碗。为广口白瓷碗，用于审评汤色和滋味。毛茶审评碗容量为250毫升，精茶审评碗容量为150毫升。国际标准的审评碗外径9.5厘米、内径8.6厘米、高5.2厘米。

审评碗

叶底盘

电子秤

审评碗和茶匙

④叶底盘。材质为瓷质或木质，用于审评叶底。木质叶底盘有正方形和长方形两种，正方形叶底盘边长10厘米，高2厘米。

⑤定时器。用于计时，5分钟响铃报时。

⑥网匙。用细密铜丝制成，用于捞取审评碗中的茶渣。

⑦样茶秤。样茶秤为铜质，用于量取茶叶。秤杆一端为铜质碗形圆盘，置有3克或5克重的扁圆铜片一块；另一端为带有尖嘴的椭圆形铜盘，用于盛装茶样。没有样茶秤的情况下，使用1/10克灵敏度的小型天平或精度较高的电子秤亦可。

⑧茶匙。白瓷质地，用于舀取茶汤审评滋味。

⑨汤杯。用于放置网匙、茶匙，用时冲入沸水，有清洗消毒的作用。

二

自神农发现茶叶以来，茶逐渐成为给中国人带来物质和精神双重享受的饮品，并走向世界，成为世界性的健康饮品。

茶叶外形不一，茶汤颜色多样。茶不仅好喝，而且还十分丰富多彩！

七茶共舞

品饮绿茶有讲究

绿茶为不发酵茶,是以茶树的嫩芽或嫩叶为原料,经杀青、揉捻、干燥等工艺制作而成的茶叶。由于未经发酵,鲜叶中的叶绿素基本未经氧化而转变,因此绿茶的干茶、茶汤、叶底均为绿色。

■ 绿茶的分类

根据杀青、干燥方法的不同,绿茶分为炒青绿茶、烘青绿茶、晒青绿茶和蒸青绿茶。

炒青绿茶

用锅炒杀青和干燥制成的绿茶为炒青绿茶,简称炒青茶。炒青工艺是我国绿茶的传统杀青方法,创制于明朝。炒青茶按成品茶外形主要分为长炒青绿茶、圆炒青绿茶和扁炒青绿茶。

①长炒青绿茶,主产区是浙江、安徽和江西。长炒青绿茶条索紧结,挺直匀齐,有锋苗,色泽绿润;冲泡后,香气浓郁,汤色黄绿,滋味醇厚,叶底黄绿明亮。长炒青绿茶经过精制后称为眉茶。

②圆炒青绿茶,历史上主要集散地为浙江省绍兴市平水镇,因而又名"平水珠茶"。圆炒青绿茶呈颗粒状,圆紧似珠,匀齐重实,色泽墨绿油润;冲泡后,香气纯正,滋味浓醇,汤色清明,叶底黄绿明亮,芽叶柔软完整。圆炒青绿茶经过精制后称为珠茶,主要出口到非洲国家。

炒青绿茶——西湖龙井

烘青绿茶——黄山毛峰

③扁炒青绿茶，干茶外形扁平，名品有龙井茶、大方茶、旗枪茶等。龙井茶因产地不同，有西湖龙井茶和浙江龙井茶之分。

烘青绿茶

干燥方式为烘干的绿茶就是烘青绿茶，简称烘青茶。烘青茶通常直接饮用的不多，常用作窨制花茶的茶坯。烘青名优绿茶有黄山毛峰、太平猴魁、开化龙顶、江山绿牡丹等。

烘青绿茶干茶条索紧直，有锋苗，显毫，色泽深绿油润；冲泡后，香气清纯，滋味鲜醇，汤色黄绿明亮，叶底嫩绿完整。

晒青绿茶

用日光晒干的绿茶称为晒青绿茶，简称晒青茶。晒青茶一般根据产地命名，品质以滇青为佳。晒青茶一小部分经精制后以散茶形式供应市场，其余大部分作为制作紧压茶的原料。

蒸青绿茶——恩施玉露

晒青绿茶——滇青

晒青茶干茶条索粗壮，色泽深绿，常有日晒气；冲泡后，滋味鲜爽，汤色及叶底泛黄，常有红梗、红叶。

蒸青绿茶

采用蒸汽杀青的绿茶为蒸青绿茶，简称蒸青茶。蒸青茶是最古老的绿茶品种，唐代时就已出现。蒸青茶的著名品种是产于湖北省的恩施玉露。

蒸青茶干茶色泽绿而有光泽，冲泡后香气清鲜，滋味甘醇，叶底青绿。

■ 绿茶的功效

绿茶较多地保留了鲜叶中的内含物质，其中茶多酚和咖啡因保留85%以上，叶绿素保留50%左右，维生素损失也较少，从而形成了绿茶清汤绿叶、滋味收敛性强的特点。科学研究结果表明，绿茶中保留的天然物质成分，对抗衰老、防癌抗癌、杀菌消炎等均有特殊效果。

■ 明前茶和雨前茶

清明之前采摘制作的茶叶称为明前茶，采制时间一般为3月20日至4月5日。清明之后、谷雨之前采摘制作的茶叶称为雨前茶，采制时间一般为4月5日至4月20日。

■ 新茶和陈茶

绿茶新茶和陈茶的品质差别较大，可根据干茶的外形和冲泡后的香气、汤色、滋味、叶底进行鉴别。新茶干茶色泽鲜绿有光泽，茶香浓郁；冲泡后，茶汤色绿，有清香、兰花香、豆香、板栗香等，滋味甘醇爽口，叶底鲜绿明亮。陈茶干茶色黄晦暗无光泽，香气低沉；冲泡后，茶汤深黄，味虽醇厚但不爽口，叶底陈黄欠明亮。

■ 中国名优绿茶

中国最有名的绿茶有七种。

西湖龙井

浙江素称丝茶之府，是龙井茶的产地，西湖龙井是龙井茶中的代表名茶。西湖龙井创制于明代之前，主产于杭州市西湖区的狮峰山、翁家山、龙井村、梅家坞、杨梅岭、九溪、双峰等地，以狮峰山出产的狮峰龙井品质最佳。

龙井茶的分类

龙井茶因产地不同，分为西湖龙井、大佛龙井、钱塘龙井、越州龙井四种。除了西湖茶区内所产的茶叶叫作西湖龙井外，浙江省内其他产地出产的龙井统称为浙江龙井。浙江龙井以大佛龙井品质最佳。

杭州双绝

龙井茶、虎跑水被称为"杭州双绝"。虎跑泉被称为"天下第三泉"，位于西湖南侧大慈山定慧禅寺中，泉水从石英砂岩中流出，水质极为纯净。虎跑水的水分子密度大，表面张力大，若将泉水盛于碗中，即使水面涨出碗口两三毫米，也不外溢。据地矿专家测定，虎跑泉水中含有30多种微量元素。虎跑泉四周是著名的西湖龙井茶产地，同一方水土上，好泉与好茶并列。

与西湖龙井有关的传说故事

西湖龙井因产于龙井而得名。龙井位于西湖西侧翁家山的西北，即现在的龙井村。龙井原名龙泓，是一个圆形的泉池，古人认为此泉与海相通，其中有龙，所以称为龙井。

杭州当地流传着一个"十八棵御茶树"的故事。传说乾隆皇帝下江南时，路经杭州龙井狮峰山，见采茶女在茶园中采茶，一时兴起，就学着采茶女采起茶来。刚采了一把，忽听宫人来报："太后身体不适，请皇上急速回京。"乾隆皇帝一听，随手将一把茶叶放入袋内，火速赶回京城。其实，太后只是脾胃不调，并没什么大病，见到皇帝，闻到一股清香，便问皇帝带来了什么好东西。皇帝随手一摸，原来是自己采的一把茶叶。几天过去，茶叶已经干了，香气从袋内透出。皇帝让宫女将茶泡好，太后喝了一口，马上舒服多了。太后高兴地说："杭州龙井的茶叶真是灵丹妙药。"乾隆见太后这么高兴，立即传令将杭州狮峰山下胡公庙前的十八棵茶树封为御茶，每年采摘的新茶专门进贡太后。至今，杭州龙井村胡公庙前还保存着这十八棵御茶树。

西湖龙井的品质特征

西湖龙井的采摘有三大特点：一早、二嫩、三勤。明前龙井品质最佳，500克干茶约需36000颗嫩芽方可炒制而成。

西湖龙井干茶色泽翠绿嫩黄，芽毫隐藏，外形扁平光滑，形似"碗钉"；冲泡后，汤色碧绿明亮，香气如兰，鲜嫩高长，滋味甘醇鲜爽，叶底嫩绿，匀齐成朵。西湖龙井有"四绝佳茗"之誉，"四绝"指色绿、香郁、味醇、形美。

西湖龙井茶园

西湖龙井的制作工艺

西湖龙井的制作大致经过以下工序：

①采摘。以明前茶品质最佳，只采一芽一叶。

②萎凋。将采摘的茶青在阴凉处进行摊放，使茶青挥发一部分水分，从而增强茶青的韧性，挥发茶叶的青草气，增强茶香，减少苦涩味，提高鲜爽度。

③杀青。在炒茶锅中抹上少许植物油，放入茶鲜叶，以抓、抖的方式进行炒制，挥发茶叶中的水分。

④揉捻。使用搭、压、抖、甩等手法进行初步造型，力量由轻到重，炒至七八成干时起锅，一般需炒制十几分钟。揉捻的目的是将茶叶揉碎，使茶汁渗出并覆于茶叶的表面，同时改变茶叶的形状。

⑤干燥。继续炒制，使含水量降至3%～5%。锅温分低、高、低三个过程，主要采用抓、扣、磨、压、推等手法，力道逐步增强，要领是手不离茶，茶不离锅。炒至茶茸毛脱落，扁平光滑，茶香透出，折之即断。

西湖龙井

西湖龙井叶底

⑥分筛归堆。将茶叶过筛，保证成品茶大小均匀，并且筛去黄片以及茶末，然后分包保存。

⑦存放。将归堆分包后的茶叶放入底层铺有块状石灰的缸中，密封存放一星期左右，这样处理的西湖龙井香气会更加馥郁，滋味会更加鲜醇。

在西湖龙井的制作过程中，炒茶师的技术至关重要。炒茶师需要根据鲜叶大小、老嫩程度和锅中茶坯的成型程度，不断变换炒制手法。

存放西湖龙井的注意事项

西湖龙井的存放需要注意以下几点：

①应将茶叶存放在干燥、避光、通风好的阴凉处；

②存放茶叶的容器密封效果要好；

③应与带香味的茶分开存放；

④不能和有异味的物品一起存放，要远离厨房、卫生间等有异味的场所；

⑤由于西湖龙井的干燥度好，因此要轻拿轻放；

⑥用专用冰箱存放最佳。

碧螺春

碧螺春创制于明末清初，出产于江苏省苏州市吴中区西南的太湖洞庭东山和洞庭西山。太湖中的洞庭东山和洞庭西山是我国著名的茶果间作区，桃、杏、李、枇杷、杨梅、柑橘等果树与茶树混栽套种，茶树和果树的根脉相通，茶吸花香，花窨果味，故此地出产的碧螺春有特殊的花果香，堪称我国名茶中的珍品，人称"吓煞人香"。

与碧螺春有关的传说故事

相传很早以前，太湖洞庭西山上住着一个名叫碧螺的姑娘，洞庭东山上住着一个名叫阿祥的小伙子，两人深深相爱。有一年，太湖中出现了一条残暴的恶龙，扬言要抢走碧螺姑娘。阿祥潜到洞庭西山，同恶龙搏斗了七天七夜。最后，阿祥虽然战胜了恶龙，却身负重伤倒在血泊中，伤势一天天恶化。一天，碧螺姑娘在阿祥与恶龙搏斗的地方看到一棵小茶苗，于是开始认真培育小茶树。清明前后，碧螺姑娘采摘了一把茶树嫩叶，回家泡给阿祥喝。阿祥喝了茶，身体居然一天天好了起来。最终，阿祥得救了，碧螺姑娘却因劳累去世了。阿祥悲痛欲绝，他把碧螺姑娘葬在小茶树旁。之后，阿祥开始精心培育茶树，采茶制茶。为了纪念碧螺姑娘，人们就把她发现的茶命名为"碧螺春"。

碧螺春的特点

碧螺春的最大特色是茶产区的自然生态和茶的细嫩程度。

碧螺春的原料采摘有三大特点：一早、二嫩、三拣得净。以春分至清明前采制的碧螺春最为名贵。

碧螺春成品茶条索纤细，卷曲成螺，满身披毫，银白隐绿；冲泡后，茶汤嫩绿，银毫翻飞，香气浓郁，有天然的花果香气，滋味鲜醇甘厚，叶底柔软匀齐。

碧螺春的制作方法

碧螺春是螺形绿茶，原料采摘后，经过以下工序制成：

①萎凋。将茶青在阴凉处进行摊放，使茶青失去部分水分。

②杀青。在平锅或斜锅内进行，当锅温达到190~200℃时，投叶

碧螺春

500克左右，以抖为主，双手翻炒，做到捞净、抖散、杀匀、杀透、无红梗、无红叶、无烟焦叶，历时3~5分钟。

③揉捻。锅温为70~75℃，采用抖、炒、揉三种手法，边抖，边炒，边揉，随着茶叶水分的减少，条索逐渐形成。揉捻10分钟左右，茶叶达到六七成干，之后降低锅温转入搓团显毫过程。

④搓团显毫。锅温为50~60℃，边炒边用力地用双手将茶叶揉搓成小团，之后抖散，反复多次，搓至条形卷曲、茸毫显露，历时12~15分钟。

⑤烘干。采用轻揉、轻炒手法，以固定形状，蒸发水分。

"螺"字体现了碧螺春的什么特征

"螺"字体现了碧螺春条索卷曲的外形特征。在制作碧螺春的工艺中，搓团显毫是形成碧螺春卷曲似螺、茸毫满披的关键工序。

黄山毛峰

黄山毛峰鲜叶采自安徽黄山的高峰，因而叫"黄山毛峰"，于1875年前后由谢裕大茶庄创制。黄山毛峰四大名产地为汤口、岗村、杨村、芳村，又称"四大名家"。现在黄山毛峰产区已经扩展到了黄山市的三区四县。

与黄山毛峰有关的传说故事

相传明朝天启年间，黟县新任县官熊开元到黄山春游时迷了路，遇到一位老僧，便随他到寺院中借宿。老僧泡茶敬客，熊开元见茶色微黄，形似雀舌，身披白毫，冲泡之后，热气绕碗边转了一圈后至碗心升腾开来，氤氲如一朵白莲花，之后慢慢上升化成一团白雾，飘荡开来，清香满室。熊开元得知此茶名叫黄山毛峰。临别时，老僧赠茶一包和黄山泉水一葫芦，嘱咐熊开元一定要用黄山泉水冲泡此茶才能出现白莲奇景。熊知县回县衙后遇友人来访，便表演了一番黄山毛峰的冲泡过程。友人非常吃惊，想献仙茶邀功请赏。皇帝让他进宫演示，却未见白莲奇景，于是龙颜大怒，召熊开元进宫后方知是未用黄山泉水冲泡之故。熊开元回黄山取水回宫再泡黄山毛峰，白莲奇观重现，皇帝大喜，遂封熊开元为江南巡抚。熊开元心想："黄山名茶尚且品质清高，何况人呢！"于是到黄山云谷寺出家做了和尚，法名正志。如今，在苍松入云、修竹夹道的云谷寺下的路旁，有一檗庵大师墓塔遗址，相传就是正志和尚的坟墓。

黄山毛峰的采摘标准

黄山毛峰的采制期为清明到立夏前。等级不同，采摘标准有所区别：通常特级黄山毛峰在清明前后开采，采摘标准为一芽一叶初展；一级毛峰在谷雨前后开采，采摘标准为一芽一叶或一芽二叶初展；二级和三级毛峰也在谷雨前后开采，采摘标准为一芽二叶或一芽三叶初展。采摘回的鲜叶，需进行严格挑选，剔去老叶、茎后，再进行加工。

黄山毛峰

黄山毛峰的制作方法

黄山毛峰经以下工序制成：

①萎凋。将茶青置于阴凉、通风、干净的地方进行摊放。

②杀青。采用锅炒杀青，破坏鲜叶中酶的活性，阻止多酚类化合物发生酶促氧化反应，使叶子变软，韧性增强，便于揉捻，同时挥发低沸点的青臭气，保留高沸点的芳香物质，激发茶香，使茶叶的色、香、味稳定下来。

③揉捻。破坏叶组织，既使茶汁易浸出，又使茶耐冲泡，同时把干茶塑造成应具有的条索外形。

④烘干。使内含物继续转化，提高茶叶内在品质，并且进一步整理条索，改进茶叶外形。

黄山毛峰的品质特征

①形态：形似雀舌，匀齐壮实，锋显毫露。

②色泽：绿中泛黄，且带有金黄色鱼叶。

黄山毛峰茶汤

黄山毛峰

黄山毛峰叶底

③汤色：清澈微黄。

④香气：清新高长。

⑤滋味：鲜浓甘甜。

⑥叶底：嫩黄，肥壮成朵。

六安瓜片

六安瓜片属片形烘青绿茶，是中国十大名茶中唯一不含茶芽和茶梗，以单片嫩叶炒制而成的茶品，主要产于安徽省六安市。因用单片茶鲜叶制成，外形呈瓜子形，且产于六安，因而得名"六安瓜片"。

为什么说六安瓜片是"迟到的春天"

六安瓜片采摘时间晚于其他绿茶，故被称为"迟到的春天"。

一般来说，绿茶鲜叶以摘得早、采得嫩、拣得净为特征，用这样的鲜叶制作而成的绿茶鲜爽、嫩绿、清香，使人早早就能尝到春天的鲜润。而六安瓜片茶原料不是以嫩取胜，而是要等芽头展开，长成一片片翠绿肥实的叶子，待到谷雨前后，茶园方开园采摘。

六安瓜片的加工工艺有什么特点

六安瓜片是烘青绿茶，该茶特殊的色、香、味、形不仅源于优越的生长环境，也源于独特的加工工艺。六安瓜片从采摘到烘焙制成要经过13道工序。

六安瓜片的色、香、味不同于其他绿茶，主要在于该茶独特的烘焙工艺。烘焙分为拉毛火、拉小火、拉老火，其中拉老火对六安瓜片的色、香、味影响最大。老火要求火势猛、温度高，一烘笼茶叶要烘翻几十次，直至叶片绿中带白霜，色泽油润均匀才算烘制完成。

六安瓜片的品质特征

以单片嫩叶炒制而成的六安瓜片可谓独具特色，无论采摘时间、干茶外形还是耐泡程度都与众不同。

①形态：叶缘向背面翻卷，呈瓜子形，自然平展，叶片大小匀整。

②色泽：宝绿。

③汤色：清澈碧绿。

④香气：清香高爽。

⑤滋味：鲜醇回甘。

⑥叶底：嫩绿明亮。

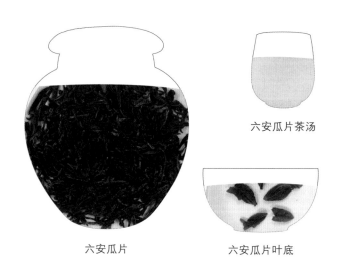

六安瓜片茶汤

六安瓜片

六安瓜片叶底

太平猴魁

太平猴魁创制于1900年，出产于安徽省黄山市黄山区新明乡猴坑、猴岗、颜家一带，由茶农王魁成（王老二）在凤凰尖茶园精工细制而成。茶区内生态环境得天独厚，年平均气温14～15℃，年平均降水量1650～2000毫米，土壤多为千枝岩、花岗岩风化而成的乌沙土，土层深厚肥沃，通气透水性好，茶树生长良好，芽肥叶壮，持嫩性强。

与太平猴魁有关的传说故事

传说古时候，黄山上住着一对白毛猴，生下一只小毛猴。一天，小毛猴到太平县玩耍，由于迷路没有回来。老毛猴出去寻找，劳累过度，病死在山坑里。山坑里有一个以采野茶为生的老汉，善良的他将老毛猴安葬了，并移来几棵野茶栽在墓旁。第二年春天，老汉来到山冈采茶，发现山冈上长满了绿油油的茶棵。当他正在纳闷时，忽听有人说："这些茶树是我送给您的，您好好栽培，今后就不愁吃穿了。"这时老汉才醒悟过来，原来这些茶树是神猴所赐。为了纪念神猴，老汉就把这片山冈叫作猴岗，把从猴岗采制的茶叶叫作猴茶。猴茶就是最早的太平猴魁。

太平猴魁的制作工艺

太平猴魁传统上为手工制茶，采摘的鲜叶经过拣尖、摊放、杀青、烘干，制成成品茶。

一芽二叶俗称"尖头"。拣尖，即将鲜叶按一芽二叶的标准进行挑选。拣尖对鲜叶的大小、曲直、颜色等都有严格要求。之后将精选的鲜叶摊放在竹匾上，使鲜叶轻微萎凋。然后采用锅炒式杀青，炒制时使茶叶形成独特的扁、平、直的外形。最后，分几次烘干茶叶。

太平猴魁

太平猴魁茶汤

太平猴魁

太平猴魁叶底

太平猴魁的品质特征

①形态："猴魁两头尖，不散不翘不卷边"，猴魁外形扁展挺直，壮实匀齐，两叶抱一芽，毫多不显。

②色泽：苍绿匀润，部分主脉中隐红。

③香气：兰花香高爽、持久。

④汤色：嫩绿明亮。

⑤滋味：鲜爽醇厚，回味甘甜，有独特的"猴韵"。

⑥叶底：肥壮成朵，黄绿鲜亮。

信阳毛尖

信阳毛尖产于河南省大别山区的信阳县，茶园分布在车云山、集云山、云雾山、震雷山和黑龙潭一带的群山峡谷之间，群山、溪流、云雾孕育出了肥壮柔嫩的信阳毛尖。

与信阳毛尖有关的传说故事

传说很久以前，信阳并不产茶，当地的贪官和地主勾结，压榨百姓，百姓生活十分贫苦。后来，当地流传了一种怪病，无药可医，很多人都死了。

一个名叫春姑的姑娘心地十分善良，她很想拯救患病的人，但是束手无策。一天，一个老人家告诉春姑，在一座山上长着可以治疗这种怪病的树，但是这座山很远，要走上几十天。春姑按照老人家的话走了九十多天，历尽磨难，最终找到了茶树。

看树的神仙告诉春姑，只有在十天内将茶种种到土里才能长成茶树，但是路途遥远，春姑犯了难。神仙知道后就将春姑变成了画眉，她用尽全身力气飞了回去，将种子放入泥土中。随后，春姑却因心力交瘁去世了，变成了守护茶树的石头。后来茶树长成了，从林中飞出许多小画眉，将茶叶一片片放入病人口中，人们的病就都好了。从此以后，信阳的人们开始种植茶树。

信阳毛尖的采摘标准

信阳毛尖有春茶、夏茶和秋茶之分。谷雨前后采春茶，春茶采摘于五月底结束；芒种前后采夏茶，采摘期为一个月左右；立秋前后采秋茶。

因茶区所处的纬度不同，采摘时间也略有不同，高纬度地区茶园开园比一般南方茶区开园晚一些。开园的前几天，适逢嫩芽初生，可采摘的茶芽数量很少，被称为"跑山尖"。谷雨前后采摘的春茶叫"头茶"，其中谷雨前采制的"雨前毛尖"是信阳毛尖中的精品。之后每隔两三天采摘一次。

信阳毛尖的采摘标准严格，以一芽一叶或一芽二叶初展所制茶叶为特级和一级毛尖；一芽二三叶所制茶叶为二级和三级毛尖。

信阳毛尖的制作工艺

采摘的鲜叶经适当摊放后进行炒制，先生炒，经杀青、揉捻，再熟炒，使成品茶叶达到条索细紧、圆、直、光、多毫，以保证信阳毛尖内质清香、叶绿汤浓的特点。

信阳毛尖的品质特征

①形态：条索细紧、圆、光、直，白毫显露，有锋苗。

②色泽：鲜绿油润。

③香气：高鲜，有熟板栗香。

④汤色：嫩绿。

⑤滋味：鲜醇。

⑥叶底：嫩绿匀整。

信阳毛尖　　　　　信阳毛尖茶汤

信阳毛尖叶底

庐山云雾

庐山云雾是中国传统名茶，产于江西省九江市的庐山，主要茶产区是海拔800米以上的含鄱口、五老峰、汉阳峰、仙人洞等地。由于水汽蒸腾，茶园常年云雾茫茫。这里升温比较迟缓，茶树萌发多在谷雨后，萌芽期正值雾日最多之时，因此造就了庐山云雾的独特品质。庐山云雾比其他绿茶采摘时间晚，一般在谷雨至立夏之间方开始采摘。

庐山云雾的茶树最早是野生茶树，相传东晋时东林寺名僧慧远将野生茶树改造为人工栽培茶树。

与庐山云雾有关的传说故事

传说孙悟空在花果山当猴王的时候，有一天忽然想尝尝在玉皇大帝和王母娘娘那里喝到的仙茶，于是驾着祥云飞上了天。只见九州南国有一片碧绿的茶园，茶树已经结籽。孙悟空想采一些茶籽，种到自己的花果山，却不知道怎么采。正在抓耳挠腮之际，天边飞来一群鸟，见悟空着急，问明原因，就展开双翅，来到南国茶园，衔了茶籽往花果山飞去。飞过庐山上空时，云雾缭绕的胜景吸引了鸟儿们，它们竟情不自禁地唱起歌来。一开口，茶籽便从它们嘴里掉落，落入了庐山的群峰岩隙之中。后来，庐山便长出了一棵棵茶树，制成了香气袭人的庐山云雾茶。

庐山云雾的品质特征

①形态：条索紧实挺秀。

②色泽：绿润显毫。

③香气：清鲜浓郁，鲜爽持久，带有兰花香。

④汤色：清澈明亮，青绿带黄。

⑤滋味：醇厚甘甜。

⑥叶底：嫩绿匀齐。

■　冲泡绿茶的茶具

高档绿茶宜用透明玻璃杯冲泡，可以看到绿叶在杯中上下浮沉的美；大宗绿茶可以选用玻璃盖碗、白瓷盖碗、瓷壶、玻璃壶等冲泡。

■　冲泡绿茶有讲究

泡好绿茶有四大要点：

①投茶量：要根据喝茶人数的多少、茶具的大小、茶的特性、个人喜好以及喝茶人的年龄来决定茶的用量。一般情况下，1克茶需50～60毫升水。

②泡茶水温：水温高低与茶的老嫩、松紧、大小有关。大致来说，原料粗老、紧实、整叶的茶叶比原料细嫩、松散、碎叶的茶叶茶汁浸出要慢，所以粗老、紧实、整叶茶冲泡时水温需稍高。此外，水温的高低还与茶的品种有关。一般来说，高档绿茶使用75～80℃的水进行冲泡，大宗绿茶使用90℃的水进行冲泡。

③冲泡时间：与茶叶的老嫩和茶的形态有关，一般绿茶泡两三分钟即可。

④冲泡次数：高档绿茶冲泡一两次，大宗绿茶可冲泡3次。

■ 绿茶审评有讲究

在我国茶叶审评中，表述绿茶感官品质特征的审评术语是最多、最全面的。绿茶审评包括外形审评、汤色审评、香气审评、滋味审评和叶底审评五部分。

外形审评

外形审评包括干茶形态评定和干茶色泽评定。

干茶形态：

• 细紧：条索细，紧卷完整。用于高档条形绿茶。

• 细长：紧细苗长。用于高档条形绿茶。

• 紧结：紧卷结实。多用于中高档条形绿茶。

• 扁平光滑：扁直平伏，光洁平滑。为优质龙井茶的主要特征。

• 重实：有沉重感。用于嫩度好、条索紧结的高档绿茶。

• 肥壮：芽叶肥大，叶肉厚实。多用于大叶种茶鲜叶制成的各类条形绿茶。也用于叶底审评。

• 肥嫩：芽叶肥厚，锋苗显露，叶质丰满。多用于高档绿茶。也用于叶底审评。

• 匀净：芽叶大小一致，不含梗朴及杂物。常用于采制良好的茶叶。也用于叶底审评。

• 嫩匀：细嫩匀齐。多用于高档绿茶。也用于叶底审评。

• 扁瘪：茶叶呈扁形，叶片空瘪瘦弱。多用于低档绿茶。

• 短碎：茶条碎断，无锋苗。

• 卷曲：茶条呈螺旋状，弯曲卷紧。

• 粗老：叶质硬，叶脉隆起。用于各类粗老茶。也用于叶底审评。

• 粗壮：粗大重实。多用于叶张肥大、肉质厚实的中低档绿茶。

• 毛糙：外形粗糙，不够光洁。多用于制作粗放的绿茶。

• 松散：外形松而粗大，不成条索。多用于揉捻不足的粗老长条绿茶。

干茶色泽：

• 嫩绿：浅绿新鲜。也用于汤色、叶底审评。

• 糙米色：嫩绿微黄。

• 墨绿：深绿色，有光泽。多用于中档春茶。

• 绿润：色绿鲜活，有光泽。多用于高档绿茶。

• 枯黄：色黄无光泽。多用于粗老绿茶。

• 陈暗：晦暗无光泽。多用于陈茶或受潮的茶叶。也用于汤色、叶底审评。

• 银灰：浅灰白色，略带光泽。多用于毫中隐绿的高档烘青绿茶或半烘半炒型绿茶。

汤色审评

• 明亮：清澈透明。也用于叶底审评。

• 鲜明：新鲜明亮。也用于叶底审评。

• 清澈：洁净透明。多用于高档烘青绿茶。

• 黄亮：黄而明亮。多用于中高档绿茶或存放时间较长的名优绿茶。也用于叶底审评。

• 黄绿：绿中带黄，有新鲜感。多用于中高档绿茶。也用于叶底审评。

• 嫩黄：浅黄色。多用于干燥工序中火温较高或不太新鲜的高档绿茶。也用于叶底审评。

· 红汤：汤色呈浅红色。多因制作不当所致。

· 浑浊：茶汤中有较多的悬浮物，透明度差。多用于揉捻过度或不洁净的劣质茶。

香气审评

· 嫩香：香气柔和新鲜。多用于原料幼嫩、采制精细的高档绿茶。

· 清香：是多毫的嫩茶特有的香气。多用于高档绿茶。

· 清高：香气清纯，高而持久。多用于杀青后快速干燥的高档烘青绿茶和半烘半炒型绿茶。

· 板栗香：又称嫩栗香，似熟板栗的甜香。多用于制作中火功恰到好处的高档绿茶及个别特殊品种的绿茶。

· 海藻香：茶叶的香气中带有海藻、苔菜类的味道。多用于日本产的高档蒸青绿茶。也用于滋味审评。

· 浓郁：香气高锐，浓烈持久。

· 高火香：似炒黄豆的香气。多用于干燥过程中温度偏高制成的茶叶。

· 纯正：香气正常。表明茶香既无突出的优点，也无明显的缺点。用于中档绿茶。

· 烟焦气：茶叶被烧灼但未完全炭化所产生的味道。也用于滋味审评。

· 纯和：香气纯而正常，但不高。

· 平和：香味不浓，但无粗老气味。多用于低档绿茶。也用于滋味审评。

• 酸馊气：变质茶叶发出的令人不快的酸味。

• 生青：如青草的生腥气味。因制茶过程中鲜叶内含物质缺少必要的转化而产生。多用于以粗老鲜叶为原料、用滚筒杀青机所制的绿茶。也用于滋味审评。

• 青气：指成品茶带有青草或鲜叶的气息。多用于杀青不透所制成的低档绿茶。

• 老火香：焦糖香。因茶叶在干燥过程中温度过高，使部分碳水化合物发生转化而产生。也用于滋味审评。

• 足火香：香气中稍带焦糖香。

• 陈闷：香气失鲜、不爽。常用于初制作业不及时或工序不当所制的绿茶。

• 陈气：香气不新鲜。多用于存放时间过长或受潮的茶叶。也用于滋味审评。

滋味审评

• 鲜爽：鲜美爽口，有活力。

• 鲜醇：鲜爽甘醇。

• 鲜浓：新鲜浓郁。

• 柔和：茶味温和。用于高档绿茶。

• 清爽：柔和爽口。

• 清淡：清爽柔和。用于嫩度良好的烘青绿茶。

• 醇正：浓重厚实。

• 醇厚：厚实醇正。

• 浓醇：浓而醇正。

• 浓厚：茶味浓重。

• 生涩：生青涩口。

• 生味：因鲜叶内含物质在制茶过程中转化不够而产生的生涩味。多用于杀青不透的绿茶。

• 收敛性：茶汤入口后，口腔有收紧感。

• 平淡：清淡平和。

• 苦味：味苦似黄连。以被真菌危害的病叶为原料制成的茶带苦味。用紫色芽叶制成的茶叶，因花青素含量高，也易出现苦味。

• 苦涩：既苦又涩。

• 青涩：味道生青，涩而不醇。常用于杀青不透的绿茶。

• 辛涩：浓涩单一。多用于低档绿茶。

• 粗涩：粗青涩口。多用于低档绿茶，如夏季的五级炒青茶。

• 味鲜：味道鲜美。多用于高档绿茶。

• 熟味：茶味缺乏鲜爽感。多用于失风受潮的名优绿茶。

• 火味：因干燥工序中锅温或烘温太高，使茶叶中部分有机物转化而产生的味道，似炒熟的黄豆味。

叶底审评

• 鲜亮：新鲜明亮。多用于嫩度良好的高档绿茶。

• 绿明：绿润明亮。多用于高档绿茶。

• 柔软：细嫩绵软。多用于高档绿茶。

• 红梗红叶：叶底的茎梗和叶片局部带暗红色。多用于杀青温度过低所制的绿茶。

• 芽叶成朵：芽叶细嫩，完整相连。

•红蒂：茎叶基部呈红色。多用于采茶方法不当、鲜叶摊放时间过长，以及部分紫芽种鲜叶所制的绿茶。

•生熟不匀：多用于杀青不匀所制的绿茶。

•青暗：色暗绿，无光泽。多用于粗老绿茶。

•青张：叶底中夹杂色深较老的青片。多用于制作粗放、杀青欠匀欠透、老嫩叶混杂、揉捻不足所制的绿茶。

•花青：叶底蓝绿或红里夹青。多用于紫芽种鲜叶所制的绿茶。

品饮乌龙茶有讲究

乌龙茶又名青茶，属半发酵茶。乌龙茶因茶树品种、产地生态、制作工艺的不同而形成不同风味，香气、滋味的差异十分显著。

■ 开面采

当茶芽长成叶片，完全展开，呈开面状态时，采摘2～4叶，俗称"开面采"。开面采常用于乌龙茶和黑茶鲜叶的采摘，此时叶片基本成熟，内含物质丰富，能够形成茶汤特殊的香气和滋味。

■ 乌龙茶的采摘期

除低山丘陵茶区外，不少乌龙茶产区都是四季采制，一般春茶在谷雨前后采摘；夏茶在夏至前后采摘；暑茶在立秋前后采摘；冬茶在霜降后采摘。一般各季茶的采摘间隔期为40～45天。

"开面采"的乌龙茶叶底

各季采制的乌龙茶品质不同，春茶的香气和滋味均佳，品质最好；冬茶其次；夏茶和暑茶较差。

■ 乌龙茶的制作工艺

乌龙茶经以下工序制成：

①萎凋。茶青必须在阳光下进行晒青才能形成乌龙茶特有的香气，通过日晒，茶叶中的青草气挥发，清香气散发出来。

②做青。通过做青，茶叶发生变化，产生乌龙茶所需要的色泽、香气和滋味。

③杀青。用高温阻止茶叶继续氧化，使茶叶的色、香、味稳定下来。

④揉捻。通过揉捻，形成干茶所需的形状，球形和半球形乌龙茶需加布包揉。

⑤干燥。进一步降低茶叶含水量，使含水量降至4%~6%。

⑥筛分。去除茶中的梗朴和碎末。

■ 做青

做青是摇青、晾青交替进行，直至达到茶叶品质要求的工艺过程，是乌龙茶制作过程中的重要工艺。在做青过程中，茶叶发生以下变化：

①色变。摇青过程中茶叶之间相互摩擦，摩擦最严重的叶缘慢慢变红，乌龙茶叶底的"绿叶红镶边"由此而来。

②香变。香气的变化与色泽的转变是同时发生的。茶微发酵会有菜香，茶叶呈绿色；轻发酵转化成花香，茶叶呈金黄色；中度发酵转

化成果香，茶叶呈橘黄色；重度发酵转化成糖香，茶叶呈朱红色。

③味变。茶叶发酵程度越轻，越接近植物本身的味道；发酵程度越重，越失去茶鲜叶原本的味道，而在发酵过程中产生的味道越重。

乌龙茶的颜色

乌龙茶由于发酵程度不同，茶鲜叶中的叶绿素转化程度不同，因而呈现的干茶和茶汤颜色不同。另外，由于焙火程度不同，乌龙茶颜色也不同。

乌龙茶干茶和茶汤大致可分为以下几种颜色：

①干茶呈绿色、砂绿色或墨绿色，茶汤为淡黄色、黄色。

②干茶呈金色，茶汤为金黄色。

③干茶呈褐色或红褐色，茶汤为橙红色。

乌龙茶存放有讲究

发酵程度较轻的乌龙茶存放时间与绿茶相似，中度、重度发酵的乌龙茶可存放稍长时间，岩茶讲究先存放一年退退火气再喝。此外，还有些乌龙茶可以久存成老茶饮用。

乌龙茶存放需注意以下几点：

①使用没有异味的瓷罐、铁罐或铝箔袋进行存放，尽量装满。

②在干燥、避光、没有异味的地方存放。用铝箔袋包装的可以略微降低对存放环境的要求。

③不要与香皂、樟脑丸、调味品放在一起，以免吸收异味。

④如果茶叶出现返青，可以用炭火或烤箱焙一下。

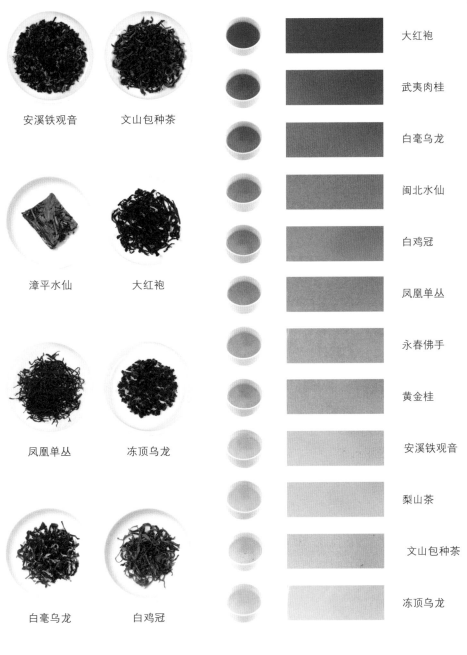

安溪铁观音　　　　文山包种茶

漳平水仙　　　　大红袍

凤凰单丛　　　　冻顶乌龙

白毫乌龙　　　　白鸡冠

乌龙茶干茶

大红袍

武夷肉桂

白毫乌龙

闽北水仙

白鸡冠

凤凰单丛

永春佛手

黄金桂

安溪铁观音

梨山茶

文山包种茶

冻顶乌龙

乌龙茶汤色

■ 辨别乌龙茶优劣有讲究

优质乌龙茶的品质特征：

①形态：条索紧结，肥壮重实，呈扭曲条形或半圆形、圆形颗粒状。

②色泽：砂绿乌润、青绿油润或褐绿油润。

③香气：有花果香，香气高而持久。

④汤色：橙黄或金黄，清澈明亮。

⑤滋味：醇厚鲜爽，口齿留香。

⑥叶底："绿叶红镶边"，即叶脉和叶缘部分呈红色，其余部分呈绿色，绿处翠绿稍带黄，红处明亮。

劣质乌龙茶的品质特征：

①形态：条索粗松、轻飘。

②色泽：呈乌褐色、褐色、铁色或枯红色，无光泽，不油润。

③香气：有烟味、焦味、青草味或其他异味。

④汤色：泛青、红暗、带浊。

⑤滋味：淡薄，甚至有苦涩味。

⑥叶底：绿处呈暗绿色，红处呈暗红色。

■ 中国名优乌龙茶

中国乌龙茶产区为福建、广东和台湾，乌龙茶按产茶区分为福建乌龙茶、广东乌龙茶和台湾乌龙茶，福建乌龙茶又分为闽北乌龙茶和闽南乌龙茶。

各乌龙茶产区的名茶为：

①闽北乌龙茶：闽北水仙、大红袍、武夷肉桂等。

②闽南乌龙茶：安溪铁观音、黄金桂、永春佛手等。

③广东乌龙茶：凤凰单丛、凤凰水仙、岭头单丛等。

④台湾乌龙茶：冻顶乌龙、文山包种茶、白毫乌龙等。

安溪铁观音

安溪铁观音产于福建安溪，安溪最著名的3个茶产区为西坪、祥华和感德，三地所产铁观音各具特色：西坪是安溪铁观音的发源地，茶叶制作采用传统制法；祥华茶久负盛名，产区多高山浓雾，茶叶制法传统，回甘强；感德茶又被称为"改革茶""市场路线茶"，近年来颇受欢迎。

与安溪铁观音有关的传说故事

相传安溪县松林头有个茶农，勤于种茶，又信佛。他每天都在观音像前敬奉一杯清茶，几十年如一日。有一天他上山砍柴，在岩石隙间发现一株茶树，枝壮叶茂，芳香诱人，跟自己所见过的茶树不同，就挖回来精心培育，并采摘试制茶叶。没想到制成的茶沉重如铁，香味极佳。这位茶农认为此茶是观音所赐，就给茶起名为铁观音。

安溪铁观音的"观音韵"

韵味是指入口及入喉的润滑度、味道的甘甜度和回味的香甜度等。优质安溪铁观音入口细滑，回味甘甜，品饮三四道茶之后，两腮会分泌大量唾液，闭上嘴后用鼻出气可以感觉到兰花香，这种韵味就是"观音韵"。

安溪铁观音的品质特征

①形态：为半球形，呈螺旋状，身骨重实。

②色泽：砂绿，叶表带白霜。

③汤色：金黄，浓艳似琥珀。

④香气：有兰花香，香气清纯、持久、高锐。

⑤滋味：醇厚甘鲜。

⑥叶底：柔亮，具有绸面光泽。

冲泡安溪铁观音的要点

安溪铁观音茶区习惯用盖碗冲泡铁观音。盖碗泡茶出汤迅速，可
使香气凝集。使用盖碗时用大拇指和中指提盖碗的两侧，食指摁住盖
纽，杯盖和杯身之间要留一点缝隙。冲泡铁观音的要点为：

①水要烧至沸腾，水温以100℃为宜。

②投茶量以盖碗容量的1/3为宜。

③出汤至公道杯中，以便分茶品饮。

安溪铁观音茶汤

安溪铁观音

安溪铁观音叶底

本山　　　　　　　　　　安溪铁观音

毛蟹　　　　　　　　　　黄金桂

安溪茶〝四大名旦〞

武夷岩茶

　　武夷岩茶是产于福建武夷山的乌龙茶，生产历史非常悠久，以"岩骨花香"的独特岩韵而著称。武夷山坐落在福建省东北部，属典型的丹霞地貌。这里群峰相连，峡谷纵横，九曲溪萦回其间。茶区气候温和，冬暖夏凉，雨量充沛。武夷山茶园非常奇特，茶树长在悬崖绝壁上。茶农利用岩洼、石隙、石缝，沿边砌筑石岸种茶，构筑"盆栽式"茶园。武夷山"岩岩有茶，非岩不茶"，岩茶因此而得名。

武夷岩茶的分类

　　传统上，根据茶园位置，将武夷岩茶分为正岩茶、半岩茶和洲茶：正岩茶指武夷山中心地带所产的茶叶，香高味醇，岩韵特显；半岩茶指武夷山边缘地带所产的茶叶，岩韵略逊于正岩茶；洲茶泛指崇溪、九曲溪等溪边两岸所产的茶叶，品质又更逊一筹。

武夷岩茶的"岩韵"

简单地说，岩韵就是武夷岩茶所具有的"岩骨花香"的韵味特征。"岩骨花香"中的"岩骨"可以理解为岩石味，是岩茶特别的醇厚浓郁与长久不衰的回味；"花香"是指岩茶沉稳、浓郁的茶香。岩韵为岩茶所特有，是武夷山茶叶的特质和岩茶传统工艺共同塑造的结果，二者缺一不可。

武夷岩茶中的"四大名丛"

名丛是从各名岩茶树品种中精选的特优品质茶树，是岩茶中品质最佳者。武夷岩茶中的四大名丛为大红袍、白鸡冠、铁罗汉和水金龟。

大红袍

大红袍是乌龙茶中的极品，以优异的品质成为岩茶中的佼佼者，有"茶中状元"之喻。

白鸡冠　水金龟

大红袍　铁罗汉

武夷岩茶"四大名丛"

大红袍母树

与大红袍有关的传说故事

相传明代有一个赶考的书生，路过福建九龙窠时突然染病，借宿于一座寺庙中。庙中的老和尚取出茶叶，煮后给书生饮用。书生饮茶后很快康复，继续赶路，最后顺利参加考试并考中状元。状元回乡之后，特意到庙中感谢老和尚的救命之恩，并请他带自己来到九龙窠。他解下身上的状元红袍，披在了救命茶生长的茶树上。"大红袍"因此得名。

大红袍母树

大红袍母树是指武夷山天心岩九龙窠石壁上现存的6株茶树，树龄已有350多年。为了保护大红袍母树，武夷山有关部门决定对其实行停采留养，进行科学管理，并建立了详细的管护档案。

无性繁育大红袍

用大红袍母树的枝条扦插，繁育栽培的大红袍为无性繁育大红袍，其鲜叶为制作大红袍的原料。"一代大红袍""二代大红袍"均指无性繁育大红袍。

大红袍的采制

大红袍一般于4月中旬至5月中旬采摘，采摘有严格要求，雨天不采，露水不干不采，不同品种、不同岩别、山阳山阴及干湿不同的茶青不得混放。

大红袍的手工做青一般要历时14～18小时，在摇青、晾青交替进行的过程中逐渐形成大红袍的特殊岩韵。通过做青，茶叶手感由硬变柔，含水量由多变少，叶面色泽由绿转为黄亮，叶缘由绿渐转红，茶叶气味由强烈的青臭气转为清香。

大红袍最后的烘焙工艺，是大红袍的香气、滋味得以提升的重要工艺。在焙茶的过程中，制茶人凭感官判断不停调整、控制焙茶的温度，低温久焙，以达到大红袍所需要的品质。

大红袍的品质特征

大红袍的冲泡方法与安溪铁观音类似，宜使用盖碗或容量较小的紫砂壶冲泡，冲泡九次仍有原茶真味。大红袍的品质特征如下：

①形态：呈条形，条索紧结壮实。

②色泽：青褐润亮。

③汤色：金黄明亮。

④香气：有兰花香或桂花香，香气高而持久。

⑤滋味：浓醇顺滑，岩韵明显。

⑥叶底："绿叶红镶边"，呈三分红、七分绿的特点。叶面有蛙皮状突起，俗称"蛤蟆背"。

大红袍茶汤

大红袍

大红袍叶底

凤凰单丛

凤凰单丛产自广东省潮州市凤凰镇乌岽山，茶园海拔400～2000米。凤凰单丛因产地凤凰山而得名。

与凤凰单丛有关的传说故事

相传，凤凰山是畲族的发祥地。隋、唐、宋时期，凡有畲族居住的地方，就有茶树的种植，畲族与茶树可谓共同繁衍。

隋朝年间，部分畲族人向东迁徙，茶树也被带到福建等地种植。宋代，凤凰山民发现了叶尖似鹤嘴的红茵茶树，采制后饮用，发现味道很好，便开始种植这种茶树。南宋末年，宋幼主赵昺被元兵追赶，南逃至潮州，路径乌岽山时，曾用红茵茶树叶止渴生津，民间有"凤凰鸟闻知宋帝等人口渴，口衔茶枝赐茶"的传说，故后人称红茵茶为"宋茶"，又叫"鸟嘴茶"。鸟嘴茶就是凤凰单丛的前身，称为宋种。至今乌岽村还留有宋、元、明、清各代树龄200～700年的茶树3700余棵。据说此为制作凤凰单丛的茶树原种。

凤凰单丛的"单丛"为何意

单丛狭义上是指单株采摘、单株制作，然后形成单株茶树独特的香型；广义上是指针对某种香型的茶单独制作，以保持某种香型的纯粹性。

单丛茶，是从凤凰水仙群体品种中选拔优良单株茶树，经培育、采摘、加工而成。凤凰单丛属于乌龙茶，乌龙茶的制作技艺复杂，在此基础上，单丛茶的制作更加独特，它要尊重每一棵茶树的个性。

凤凰单丛的采摘标准

单丛茶实行分株单采，当茶芽萌发至小开面，即出现驻芽时，按一芽二三叶标准采下，轻放于茶篓内。一般于午后开始采摘，当晚加工，制茶均在夜间进行。

采摘制作凤凰单丛的茶树鲜叶时要求做到"五不采"，即太阳升不采、天气热不采、芽不壮不采、阴天不采、雨天不采。凤凰单丛较为严格的采摘标准，可以保证茶叶制成后口感醇甘，香气卓越。

凤凰单丛的品质特征

①形态：茶条挺直肥大，稍弯曲。

②色泽：呈黄褐色或青褐色，油亮有光泽。

③汤色：橙黄清澈。

④香气：具有天然的花香果味，香高而持久。

⑤滋味：醇厚爽口，回甘强。

⑥叶底：肥厚柔软，叶缘朱红，叶面黄而明亮。

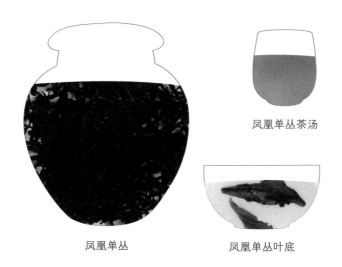

凤凰单丛　　　　　　　凤凰单丛叶底

凤凰单丛茶汤

冻顶乌龙

冻顶乌龙产自台湾省南投县鹿谷乡凤凰山支脉冻顶山，茶园位于海拔700米的高山上，这里年平均气温22℃，冬季温暖，山上终年云雾笼罩，年降水量2200毫米，湿度较大，茶园为棕色高黏性土壤，十分适合茶树生长。

冻顶乌龙是台湾名茶之一，可四季采制，每年3月中旬到5月中旬采制春茶，5月下旬到8月中旬采制夏茶，8月下旬到10月中旬采制秋茶，10月下旬到11月中旬采制冬茶。春茶品质较好，秋茶、冬茶次之，夏茶品质较差。

冻顶乌龙的发酵度约为30%，传统冻顶乌龙带明显焙火味，近年来市场上的冻顶乌龙多为轻焙火茶。此外还有陈年炭焙茶，需要每年拿出来焙火。陈年炭焙茶冲泡后茶汤甘醇，后韵十足。

冻顶乌龙的品质特征

冻顶乌龙在台湾高山乌龙茶中最负盛名，被誉为"茶中圣品"。冻顶乌龙的品质特征如下：

①形态：卷曲呈球形，紧结重实。

②色泽：墨绿油润。

③汤色：黄绿明亮。

④香气：清鲜高爽，如桂花香。

⑤滋味：甘醇浓厚，回甘好。

⑥叶底：枝叶嫩软，色黄油亮，韧性好。

冲泡冻顶乌龙的注意事项

冻顶乌龙为颗粒形茶，冲泡方法与安溪铁观音类似。冲泡时应注意：

①冻顶乌龙干茶紧结，泡开后体积胀大，因此投茶量为茶壶容量的1/4～1/3即可，喜欢淡茶的只要干茶颗粒铺满壶底即可。

②泡茶水温以95～100℃为宜。

③前两泡冲泡时间宜短，第三泡起逐次延长冲泡时间。

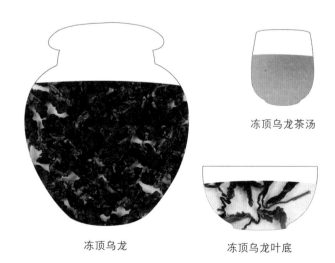

冻顶乌龙茶汤

冻顶乌龙

冻顶乌龙叶底

白毫乌龙

白毫乌龙是乌龙茶中发酵程度最重的茶，因茶芽白毫显著而得名。白毫乌龙又叫东方美人茶、膨风茶，又因茶香似香槟，称为香槟乌龙茶。白毫乌龙产自台湾的新竹、苗栗一带，是著名茶种。

白毫乌龙的独特之处

白毫乌龙在乌龙茶中可谓独具特色，其鲜叶必须经小绿叶蝉叮咬吸食，使嫩叶无法进行正常的光合作用，叶片变小，加之小绿叶蝉的唾液与茶叶酵素混合出特别的香气，经发酵后，茶叶散发出醇厚的果香蜜味。

白毫乌龙的品质特征

①形态：呈条形，条索紧结，稍弯曲。

②色泽：白、青、黄、红、褐五色相间，满披白毫。

③汤色：红橙金黄，明亮如琥珀。

④香气：有浓浓的果香或蜜香。

⑤滋味：甘润香醇。

白毫乌龙

白毫乌龙茶汤

白毫乌龙叶底

■ 乌龙茶审评有讲究

外形审评

干茶形态：

- 蜻蜓头：茶条叶端卷曲，紧结沉重，状如蜻蜓头。
- 壮结：肥壮紧结。
- 扭曲：茶条扭曲，褶皱重叠。
- 细条：茶叶细嫩，呈条索状。

干茶色泽：

- 砂绿：似蛙皮绿而有光泽。
- 枯燥：干燥无光泽，按叶色深浅程度不同有乌燥、褐燥之分。

汤色审评

- 金黄：以黄为主，带有橙色，有深浅之分。
- 清黄：黄而清澈。
- 红色：色红，有深浅之分。

香气审评

- 岩韵：武夷岩茶特有的岩骨花香的韵味特征。
- 音韵：安溪铁观音特有的香气特征。
- 山韵：凤凰单丛特有的香气特征。
- 浓郁：浓而持久的特殊花果香。
- 闷火：乌龙茶烘焙后，未适当摊凉而形成的一种令人不快的火气。
- 猛火：焙火温度过高或过急所产生的不良火气。

滋味审评

• 清鲜：新鲜爽口。

• 甘鲜：清鲜有甜味。

• 粗浓：味粗而浓。

叶底审评

• 肥亮：叶肉肥厚，叶色透明发亮。

• 软亮：叶质柔软，叶色透明发亮。

• 红边：绿叶有红边或红点，红色明亮鲜艳。

• 暗红：叶张发暗发红。

• 硬挺：叶质老，按压后叶张很快恢复原状。

品饮红茶有讲究

红茶是全发酵茶，因冲泡后的茶汤、叶底以红色为主调，故得此名。

在红茶的加工过程中，茶树鲜叶发生很大变化，90%以上的茶多酚被氧化，茶黄素、茶红素产生，香气物质从鲜叶中的50多种增至300多种，咖啡因、儿茶素和茶黄素络合成滋味鲜美的络合物，从而形成了红茶红汤、红叶底和香甜味醇的品质特征。

■ 红茶的制作工艺

①萎凋。让茶青失去一部分水分，从而增加茶的韧性。

②揉捻。将茶鲜叶揉碎，有利于茶汁的渗出、香气的散发和茶叶形状的改变。红茶一般揉捻成条状。

③发酵。让茶叶充分和空气中的氧接触，发生氧化反应，形成红茶红汤、红叶底的特征。

④干燥。将发酵好的茶高温烘焙，迅速蒸发水分，使含水量达到标准要求，同时固定茶叶形状。

以上是工夫红茶的制作工艺。如制作小种红茶，还需增加烟焙工序，从而使茶具有松烟香。

■ 中国红茶的分类

中国红茶分成3类：工夫红茶、小种红茶和红碎茶。

小种红茶

工夫红茶

红碎茶

工夫红茶

根据采制地区，将工夫红茶分为祁红、滇红、宁红、川红、闽红、湖红、越红等。其中祁红是国际三大知名高香茶之一。

工夫红茶的品质特征

①形态：呈条状，条索细紧。

②色泽：乌润。

③汤色：红艳明亮。

④香气：馥郁甜浓，有花果香或熟果香。

⑤滋味：甜醇。

⑥叶底：黄褐明亮。

小种红茶

小种红茶产自福建省武夷山。由于小种红茶在加工过程中使用松柴进行烟焙，所以制成的茶叶带有浓烈的松烟香。因产地和品质的不同，小种红茶又有正山小种和外山小种之分。正山小种包括金骏眉、银骏眉等；外山小种包括政和工夫、坦洋工夫、白琳工夫等。

正山小种和外山小种

"正山"是指武夷山国家级自然保护区内，以桐木村为核心，方圆250公里内的地区。这一地区采制的小种红茶为正山小种，其他地区采制的小种红茶则为外山小种。

正山小种条索肥壮，色泽乌润，冲泡后汤色红浓，香气高长，带松烟香，滋味醇厚。

外山小种条索与正山小种近似，身骨稍轻而短，色泽红褐，冲泡后汤色稍浅，带松烟香，滋味醇和。

小种红茶的品质特征

①形态：呈条状，条索肥壮重实。

②色泽：乌润，有光泽。

③汤色：红浓。

④香气：高长，有松烟香。

⑤滋味：醇厚，带桂圆味。

⑥叶底：厚实，呈古铜色。

红碎茶

红碎茶不是普通红茶的碎末，而是在加工过程中将条形红茶切成段状的碎茶而成。

红碎茶一般以粗老的梗叶为原料，是国际茶叶市场的大宗茶品。因茶树品种的不同，红碎茶的品质也有较大的差异。

红碎茶的品质特征

①形态：颗粒紧卷，重实匀齐。

②色泽：乌黑油润。

③汤色：红浓明亮。

④香气：浓郁，如蜜糖香。

⑤滋味：浓醇强鲜。

⑥叶底：红艳明亮，柔软匀整。

红碎茶调饮法

①茶具：玻璃壶、玻璃杯。

②调料：糖、柠檬、蜂蜜或牛奶。

③投茶量：根据壶的大小，每70～80毫升水需要1克红碎茶。

④泡茶水温：90℃左右。

⑤冲泡过程：泡茶3～5分钟后，提起茶壶，轻轻摇晃，使茶汤浓度均匀，用滤茶勺滤去茶渣，将茶倒入玻璃杯。之后，根据宾客的口味加入糖、柠檬、蜂蜜或牛奶，用茶匙调匀茶汤，进而闻香、饮茶。

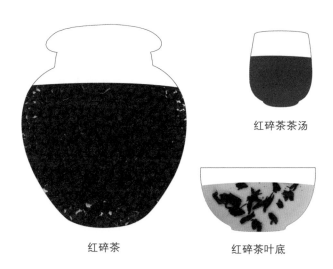

红碎茶茶汤

红碎茶

红碎茶叶底

▇ 中国名优红茶

祁门红茶

祁门红茶产于安徽省黄山市祁门县，因此称为祁门红茶，也称祁门工夫，简称祁红。祁红是我国传统工夫红茶中的珍品，有100多年生产历史，在国内外享有盛誉。

祁门红茶是我国乃至世界上著名的高香工夫红茶。茶区内海拔600米左右的山地占九成以上，茶区气候湿润，雨量充沛，早晚温差大，非常适合茶树的生长。

祁门红茶为什么被称为"祁门工夫"

被称为"工夫"的红茶，其一，说明红茶的制作过程需要一定的时间；其二，说明红茶的冲泡非常讲究，品饮时，要花时间细细品味。从制茶到品茶都有学问，如此，才能称为工夫红茶。工夫红茶中最著名的就是祁门红茶。

祁门红茶的创制

祁门县在清代光绪以前并不生产红茶。据传，光绪元年（1875年），有个黟县人叫余干臣，从福建罢官回原籍安徽经商，因羡慕福建红茶（闽红）畅销利厚，想就地试制红茶，于是在至德县（今安徽省池州市东至县）尧渡街设立红茶庄，仿效闽红制法，用当地茶青制作红茶，获得成功。次年，余干臣在祁门县的历口、闪里设立分茶庄。与此同时，祁门县人胡元龙在祁门县贵溪村进行"绿改红"，设立"日顺茶厂"，试生产红茶也获成功。从此祁红不断扩大生产，并逐步走向世界。

祁门红茶的采摘

制作祁门红茶，原料以国家级良种祁门楮叶种的茶树鲜叶为主，安徽1号、安徽3号、黄山早芽等品种的鲜叶也适合制作祁门红茶。

祁门红茶的采摘标准十分严格，高档祁门红茶以一芽一叶为主，大宗祁门红茶以一芽二叶为主，春茶采摘六七批，夏茶采摘六批，秋茶少采或不采。

祁门红茶的"祁门香"

祁门红茶经萎凋、揉捻、发酵等多道工序制作而成。茶叶中的酶活性较高，萎凋又进一步提高了酶的活性。揉捻时，茶汁渗出，各种生物酶开始发生作用，内含物质发生转化，多酚类物质减少，可溶性物质增多，茶黄素、茶红素产生，从而形成了祁门红茶特有的"祁门香"。

祁门香浓郁高长，似蜜糖香，又蕴藏兰花香，茶香似花、似果、似蜜，清饮更能领略它的独特风味。

祁门红茶的品质特征

①形态：条索紧细匀整，锋苗秀丽。

②色泽：乌润。

③汤色：红艳明亮。

④香气：蜜糖香融合兰花香，馥郁持久。

⑤滋味：甘鲜醇厚。

⑥叶底：红亮纤秀。

祁门红茶茶汤

祁门红茶

祁门红茶叶底

滇红工夫

滇红工夫简称滇红，创制于1939年，主产区位于云南西南澜沧江以西、怒江以东的高山峡谷地区，包括凤庆、勐海、云县等地。

滇红以云南大叶种茶树的一芽一二叶为原料，用传统工夫红茶工艺制成。

滇红工夫茶汤

滇红工夫

滇红工夫叶底

滇红工夫的品质特征

①形态：条索肥壮紧结，重实匀整。

②色泽：乌润红褐，茸毫多。

③汤色：红艳明亮。

④香气：高长，带有花香。

⑤滋味：甘鲜醇厚。

⑥叶底：红亮肥厚。

政和工夫

政和工夫按茶树的品种分为大茶和小茶两种。大茶用政和大白茶鲜叶制成，是闽红三大工夫茶中的上品，特点是干茶条索紧结，肥壮多毫，色泽乌润，汤色红浓，香气高甜，滋味浓厚，叶底肥壮。小茶用小叶种鲜叶制成，干茶条索细紧，香似祁红，但欠持久，汤色稍浅，滋味醇和，叶底红匀。政和工夫以大茶为主，取其毫多味浓的优点，适当拼配高香的小茶。

金骏眉

金骏眉的原料是于清明前采摘于武夷山国家级自然保护区内海拔1500~1800米高山的原生态小种野茶的茶芽，由熟练的采茶女工手工采摘芽尖部分，一个女工一天只能采约2000颗芽尖。采摘后，结合正山小种传统制作工艺，由制茶师傅全程手工制作，每500克金骏眉需数万颗芽尖。因此，金骏眉十分名贵。

金骏眉干茶紧细重实，金黄色茸毫明显；冲泡后，香气为复合型花果香，浓烈持久，汤色金黄，浓稠挂杯，滋味醇厚，甘甜爽滑，回味持久，叶底呈古铜色针状，匀整挺拔。

正山小种

正山小种产自福建省武夷山市桐木关乡及周边范围内，以当地传统的菜茶群体品种茶树的一芽三四叶为原料，用传统工艺制成。正山小种是世界红茶的鼻祖，创制于明末清初。

正山小种制作过程中的特殊工艺

正山小种制作过程中的特殊工艺是烟焙。茶叶发酵完成后，进行复揉，之后将茶抖散，放在竹筛上，用松木熏制。茶在烘焙的过程中不断吸附松烟香，使正山小种成品茶带有独特的松脂香味。

茶叶烘干后进行筛分，去除粗老茶梗后，再置于焙笼上用松柴烘焙，以增强正山小种特殊的松烟香。

正山小种茶汤

正山小种

正山小种叶底

正山小种的品质特征

①形态：条索肥壮，紧结圆直。

②色泽：乌润。

③汤色：红艳明亮。

④香气：高长，芬芳，浓烈。

⑤滋味：醇厚，似桂圆味。

⑥叶底：呈古铜色。

■ 红茶的香气类型

①毫香型：用有白毫的单芽或一芽一叶制成的红茶干茶白毫显露，冲泡时有典型毫香。

②清香型：香气清纯，柔和持久，令人愉快，是嫩采现制的红茶所具有的香气。

③嫩香型：香高而细腻，清鲜悦鼻，有似玉米的香气。原料细嫩柔软、制作工艺良好的名优红茶有此香气。

④果香型：类似各种水果的香气，如桂圆香、苹果香。

⑤甜香型：包括清甜香、甜花香、枣香、蜜糖香等。鲜叶嫩度适中的工夫红茶有此类香气。

⑥火香型：包括米糕香、高火香、老火香和锅巴香。鲜叶较老、含梗较多、干燥时火工高足的红茶有此类香气。

⑦松烟香：在干燥过程中用松柏或黄藤等熏制的红茶有此种香气，如小种红茶。

■ 红茶审评有讲究

外形审评

干茶形态

• 细嫩：芽叶细小柔嫩。多用于春季产的高档小叶种工夫红茶，如特级祁门红茶。

• 细紧：条索细，紧卷完整。用于高档红茶。

• 细长：细紧匀齐，形态秀丽。多用于高档红茶。

• 肥嫩：芽叶肥壮柔嫩。常用于滇红工夫。

• 匀称：大小一致。

• 露梗：工夫红茶中带梗朴。

• 粗老：用于老茶。

• 粗壮：重实。用于嫩度中等的工夫红茶。

• 毛糙：粗老。多用于未经精制的红茶毛茶。

• 松散：用于揉捻不紧的条状红茶。

• 金毫：芽叶上有金色茸毛。用于高档红茶中的毫尖茶。

• 毫尖：被轧切后呈米粒状的毫茶。用于大叶种鲜叶制成的红碎茶。

• 老嫩混杂：嫩茶、老茶混合。

• 花杂：大小不一，含老片及梗朴。

• 颗粒：常用于高档红碎茶。

干茶色泽

• 乌黑：深黑色。用于嫩度良好的中小叶种红茶。

• 乌润：深黑色且富有光泽。多用于嫩度好的中小叶种高档红茶。

- 枯棕：棕褐色，无光泽。多用于粗老的红碎茶。
- 棕褐：色泽暗红。多用于大叶种红茶。

汤色审评

- 红亮：红而明亮。
- 红艳：红而明亮，碗沿有金圈。
- 玫瑰红：红似玫瑰花。
- 金黄：有黄金般的光泽。
- 棕黄：黄中带棕。
- 红褐：褐中泛红。
- 浅薄：浅淡。
- 暗红：红而深暗。

香气审评

- 秋香：某些地区秋季生产的红碎茶具有的独特香气，为一种季节香。
- 香荚兰香：香荚兰般的特殊香气。
- 浓郁：浓烈持久。
- 香短：香气保持时间短，很快消失。
- 纯正：香气正常。
- 烟味：茶叶在烘干过程中吸收了燃料释放的杂异气味。
- 纯和：香气纯而正常，但不高。
- 陈霉气：茶叶因受潮变质、被霉菌污染或储藏时间过久等产生的劣质气味。

滋味审评

- 鲜爽：新鲜爽口，有活力。
- 清爽：浓淡适宜，柔和爽口。
- 甜爽：爽口回甘。
- 甜和：甘甜醇和。
- 浓烈：茶味极浓，有强烈的刺激性口感。
- 浓爽：浓而鲜爽。
- 浓醇：醇正爽口。
- 甜醇：醇厚带甜。
- 鲜醇：茶汤内含物丰富，味道鲜爽甘醇。
- 花香味：有鲜花的香味。
- 味淡：茶味浅薄。
- 苦味：味苦似黄连。
- 苦涩：既苦又涩。
- 熟味：缺乏鲜爽感，熟闷不快。

叶底审评

- 鲜亮：新鲜明亮。
- 柔软：细嫩绵软。
- 瘦薄：叶张单薄。
- 瘦小：芽叶单薄细小。
- 舒展：开汤后的茶叶自然展开。
- 卷缩：开汤后的叶底不展开。

品饮黑茶有讲究

黑茶是中国特有的茶类，由于原料比较粗老，在制作过程中往往要堆积发酵较长时间，所以茶叶叶片大多呈暗褐色，因此被称为黑茶。黑茶属后发酵茶，发酵由自然陈放或人工渥堆完成。

■ 黑茶的品种

黑茶主产于湖南、湖北、四川、云南、广西和陕西等地，有湖南黑茶、湖北老青茶、四川边茶、云南普洱茶、广西六堡茶和泾阳茯砖茶等品种。

①湖南黑茶原产于湖南安化，现在产区已经扩展到桃江、沅江、汉寿、宁乡和临湘等地。湖南黑毛茶分为四级，越高档的茶原料越细嫩。湖南黑茶成品有"三尖""四砖"等。"三尖"指湘尖一号、湘尖二号、湘尖三号，即"天尖""贡尖"和"生尖"。"四砖"指黑砖、花砖、青砖和茯砖。

②湖北老青茶又叫青砖茶，主产于湖北蒲圻、通山、崇阳、通城等地。传统的老青茶在压制时将粗老的茶青放在里面，细嫩的茶青放在外面，因此，老青茶有里茶与面茶之分。

③四川边茶主要产于四川雅安、乐山、邛崃、都江堰、大邑等地。因销路不同，四川边茶又分为南路边茶和西路边茶。南路边茶主要销往西藏自治区、青海省和四川省甘孜藏族自治州，西路边茶主要销往青海省、甘肃省、新疆维吾尔自治区和四川省阿坝藏族自治州。

④普洱茶主要产于云南西双版纳、临沧、普洱等地。普洱茶有悠久的生产历史，因集散于普洱而得名。普洱茶有特殊的陈香，滋味浓醇。

⑤六堡茶因原产于广西壮族自治区苍梧县六堡乡而得名，现在主产于广西梧州。六堡茶汤色红浓，香味陈醇爽口，有槟榔香，间有"金花"。

⑥泾阳茯砖茶产于陕西省泾阳县，又称"封子茶""泾阳砖"。泾阳茯砖茶生产历史悠久，历史上主要作为边销茶销往边疆地区，被誉为古丝绸之路上的"神秘之茶""生命之茶"。

■ 中国名优黑茶

普洱茶

普洱茶需符合以下三个条件：

①原料产地：云南一定区域内。

②制茶原料：云南大叶种晒青毛茶。

③制茶工艺：后发酵（渥堆发酵）。

普洱茶的产地特点

普洱茶主产区位于澜沧江两岸，包括普洱、西双版纳、文山、保山、临沧等地。

茶谚曰：高山云雾出好茶。云南省地处云贵高原，但纬度较低，气候温暖湿润，雨量充沛，"晴时早晚遍地雾，阴雨成天满山云"，非常适宜茶树生长。当地得天独厚的自然环境有利于茶树的芽叶长期保持鲜嫩，进行光合作用，增加养分的积累，提高茶叶中蛋白质、氨基酸、维生素、茶多酚、芳香油等有效成分的含量，因而云南茶叶的内在品质极佳。

普洱生茶和普洱熟茶

普洱熟茶是指经过后发酵的普洱茶，未经发酵的普洱茶为普洱生茶。以业界的标准界定，普洱茶应仅指普洱熟茶。普洱生茶是未经发酵的晒青茶，本应归入绿茶类。

普洱生茶的制作

普洱生茶经鲜叶采摘、萎凋、杀青、揉捻、晒干、蒸压、干燥等工序制作而成，其制成品为云南大叶种晒青毛茶，也称滇青。

普洱生茶的品质特征

普洱生茶是揉捻后的茶叶在阳光下自然晒干的，最大限度地保留了茶叶中的有益物质和茶的本味。

普洱生茶干茶色泽墨绿，芽头为银白色；冲泡后，汤色绿黄清亮，香气清纯持久，滋味浓厚回甘，叶底肥厚黄绿。

生茶茶性较刺激，存放多年后茶性会转温和，干茶变为褐绿色、红褐色，人们习惯称之为老普洱。

普洱生茶

普洱生茶散茶

普洱生茶的功效

普洱生茶茶性偏寒，具有清热解毒、去火降燥、止渴生津的功能，且富含茶多酚、咖啡因、氨基酸、维生素等成分，饮后能消除疲劳、振奋精神，还能补充一些营养素。

普洱熟茶的制作

普洱熟茶是经过渥堆发酵工艺制成的黑茶。1973年，中国茶叶公司云南茶叶分公司根据市场发展的需要，最先在昆明茶厂试制普洱熟茶，后在勐海茶厂和下关茶厂推广生产工艺。

普洱生茶饼茶

普洱生茶茶汤

经存放的普洱生茶饼茶

经存放的普洱生茶茶汤

普洱熟茶茶汤

普洱熟茶饼茶

普洱熟茶散茶

采摘下来的云南大叶种茶树鲜叶，经过杀青、揉捻、晒干制成毛茶，再采用渥堆的方法快速发酵。渥堆加速了茶的陈化，使茶性更加温和。

普洱熟茶的品质特征

普洱熟茶是将生茶毛茶湿水后，按一定厚度堆积在一起，让茶叶在微生物作用、湿热作用和氧化作用下形成普洱茶特有的风味，之后再经过反复翻堆、出堆、解块、干燥而成。

普洱熟茶干茶呈深褐色，芽头为金红色，具有纯正的陈香，有的带有樟香、枣香等，冲泡后茶汤红浓透明，滋味醇厚顺滑。

普洱熟茶的功效

普洱熟茶比普洱生茶茶性温和，既没有对肠胃的刺激性，又在茶的氧化过程中产生了许多新的营养物质，如茶红素、茶黄素，维生素C的含量也得以提高，除普通茶叶清热解毒、生津止渴等作用外，还能调节血脂和血压，调理肠胃。

如何选购普洱茶

如果打算买来后边存边喝，应选普洱熟茶。因为普洱熟茶已经过人工后发酵，茶性比较稳定，具有陈香、甘滑、醇厚的口感，无需漫长的存放转化时间。

如果打算长期存放，应选普洱生茶。普洱生茶需要漫长的时间来完成内质的转化，这个过程所需的时间因存放条件不同而不同，温度、湿度都会影响茶的转化速度。

泾阳茯砖茶

泾阳茯砖茶产于陕西省泾阳县，因茶叶在夏季伏天加工制作，香气类似于茯苓，且蒸压后外形呈砖状，故名"茯砖茶"。泾阳茯砖茶有"金花"，是学名为"冠突散囊菌"的有益菌，这是泾阳茯砖茶的独特之处。

泾阳茯砖茶茶汤

泾阳茯砖茶

泾阳茯砖茶内部的"金花"

泾阳茯砖茶的品质特征

泾阳茯砖茶外形为长方砖形，茶体紧结，砖面色泽黑褐油润，"金花"茂盛；冲泡后，香气纯正，陈香显露，汤色红黄明亮，滋味醇厚回甘，叶底黑褐粗老，耐冲泡。

泾阳茯砖茶有较好的降脂解腻作用，有助于养胃健胃，调节新陈代谢。

六堡茶

六堡茶产于广西壮族自治区梧州市苍梧县六堡乡，因原产地六堡乡而得名。六堡茶在清代乾隆时期已在广西、广东、港澳和南洋地区深受欢迎，并出口到欧洲国家。

六堡茶的品质特征

六堡茶干茶色泽黑褐，冲泡后汤色红浓明亮，香气陈醇，有槟榔香，滋味醇厚，爽口回甘，叶底红褐，耐存放。久藏的六堡茶发"金花"，这是六堡茶品质优良的表现。

六堡茶茶汤

六堡茶

■ 黑茶的功效

①调节血脂和血压。

②预防动脉硬化。

③防癌抗癌。

④护胃养胃。

⑤减肥瘦身。

⑥调节新陈代谢。

■ 黑茶的品质特征

①形态：条索紧结，含梗量少，光润匀齐。

②色泽：橙黄或黑褐，有光泽。

③汤色：橙黄明亮，或红亮清澈。

④香气：有陈香、槟榔香、药香等，香气高而持久。

⑤滋味：醇厚柔和，生津回甘。

⑥叶底：黑褐，韧性好。

■ 冲泡黑茶有讲究

由于黑茶的浓度高，冲泡时宜选腹大的壶，如紫砂壶，或直接用盖碗冲泡。黑茶的制作工艺比较特殊，尤其是一些存放多年的黑茶，为了泡出纯正的茶香，正式泡饮前需要先润茶，此过程可进行一两次。

黑茶因原料比较粗老，所以在泡茶时一定要用100℃的沸水，才能将黑茶的茶味完全泡出来。

黑茶比较耐冲泡。泡茶时，最初几泡出汤的速度要快，水冲入就可将茶汤倒出品饮。随着冲泡次数的增加，冲泡时间可慢慢延长，这样可以使茶汤浓度自始至终保持一致。

■ 黑茶审评有讲究

外形审评

干茶形态：

• 折叠条：呈折叠条状。

• 红梗：已木质化的梗。

• 丝瓜瓤：由于渥堆过度，复揉中叶脉与叶肉出现分离。

• 端正：砖身形态完整、砖面平整、棱角分明。用于砖茶。

• 纹理清晰：砖面花纹、商标、文字等标记清晰。用于砖茶。

• 紧密适合：压制松紧适度。用于砖茶。

• 起层脱面：面茶脱落，里茶翘起。用于砖茶。

• 包心外露：里茶暴露于砖面。用于砖茶。

• 黄花茂盛："金花"粒大量多，是茶叶品质优良的表现。用于泾阳茯砖茶。

• 缺口：砖面、饼面及边缘有残缺现象。用于砖茶、饼茶。

• 龟裂：砖面有裂缝。用于砖茶。

• 烧心：砖（沱、饼）中心部分发黑发红。用于砖茶、沱茶、饼茶。

干茶色泽：

• 乌黑：黑亮油润。

• 猪肝色：红中带褐。用于金尖。

• 铁黑：色黑似铁。用于湘尖。

• 黑褐：褐中泛黑。用于黑砖。

• 青褐：褐中带青。用于青砖。

• 棕褐：褐中带棕。用于康砖。

• 黄褐：褐中显黄。用于茯砖。

• 褐黑：黑中泛褐。用于特制茯砖。

• 青黄：黄中带青。用于新茯砖。

• 半筒黄：色泽花杂，叶尖呈黑色，柄端呈黄黑色。

• 红褐：褐中带红。用于普洱茶。

汤色审评

• 橙黄：黄中显橙。

• 橙红：红中显橙。

• 深红：红而无光泽。

• 暗红：红而深暗。

• 棕红：红中显棕。

• 棕黄：黄中带棕。

• 黄明：黄而明亮。

• 黑褐：褐中泛黑。

• 棕褐：褐中带棕。

• 红褐：褐中显红。

香气审评

- 陈香：香有陈气，无霉气。

- 松烟香：松柴熏焙的气味。用于湖南黑茶、六堡茶。

- 馊酸气：渥堆过度产生的气味。

- 霉气：劣变茶的气味。用于有白霉、黑霉、青霉等杂霉的砖茶。

- 烟气：一般黑茶的烟气为劣变气味，而方包茶略带些烟气尚属正常。

- 菌花香：茯砖茶中"金花"茂盛的茶砖具有的香气。

滋味审评

- 醇和：味醇而不涩、不苦。

- 醇厚：浸出物较多，茶汤浓厚。

- 醇浓：有较高浓度，但不强烈。

- 槟榔味：六堡茶的特有滋味。

- 陈醇：有陈香味，醇和可口。用于普洱茶。

叶底审评

- 硬杂：叶质粗老，多梗，色泽花杂。

- 薄硬：质薄而硬。

- 青褐：褐中泛青。

- 黄褐：褐中泛黄。

- 黄黑：黑中泛黄。

- 红褐：褐中泛红。

- 泥滑：嫩叶组织糜烂。渥堆过度所致。

品饮白茶有讲究

白茶是中国六大茶类之一，属微发酵茶。白茶由福建省福鼎市茶农创制，生产历史已有200年左右，主要产区在福建福鼎、政和、松溪等地，主要品种有白毫银针、白牡丹、寿眉等。

白茶是条状茶，以政和大白茶茶树的芽叶为原料，细嫩的芽叶上面布满了细小的白毫，看上去茶色显白，冲泡后茶汤呈象牙色，白茶的名称由此而来。

■ 最美不过白茶

白茶中的白毫银针、白牡丹都以茶形优美著称。采摘大白茶树肥芽制成的白茶称为白毫银针，是白茶中最名贵的品种，因其色白如银、外形似针而得名。冲泡后，茶芽根根竖立，在杯中慢慢沉降，令人心绪随之起伏。

白牡丹是采摘大白茶树或水仙种新梢的一芽一二叶制成，是白茶中的上乘佳品。白牡丹干茶绿叶夹银白色毫心，形似花朵，冲泡后绿叶托着嫩芽，宛如蓓蕾初放，故而得名。

■ 白茶的制作工艺

白茶以福鼎大白茶、福鼎大毫茶、政和大白茶、福安大白茶等茶树鲜叶为原料，白毫银针采摘单芽，白牡丹采摘一芽一二叶，寿眉则使用抽针（采摘茶的嫩梢，抽去制作白毫银针的单芽）后的鲜叶制作而成。

白茶制作主要是将鲜叶采摘后进行萎凋，并慢慢阴干，当遇到阴天或雨天时则在室内自然萎凋或加温萎凋。当茶叶达七八成干时，进行室内烘干，使茶叶中的水分含量控制在3%~5%。

白毫银针

■ 新白茶

新白茶一般是指当年采制的明前春茶，茶叶呈褐绿色或灰绿色，且满布白毫。尤其是阳春三月采制的白茶，叶片底部以及顶芽的白毫，都比其他季节所产的丰厚。

新白茶干茶叶张略有缩褶，呈半卷条形，色泽暗绿带褐；冲泡后，滋味鲜爽，口感较为清淡。根据个人习惯，一般可以冲泡六泡左右。

■ 老白茶

白茶素有"一年茶、三年药、七年宝"之说，一般存放五六年的白茶就可称为"老白茶"，存放10~20年的老白茶比较难得。白茶经过长时间存放，内质缓慢地发生变化，茶叶色泽从绿色转为褐绿色，香气成分逐渐挥发，汤色逐渐变红，滋味变得醇和，茶的刺激感减弱。老白茶存放时间越久，茶味越醇厚，药用价值也越高，因此老白茶极具收藏价值。

■ 白茶冲泡有讲究

白茶在加工时未经揉捻，茶汁不易浸出，所以需要较长的冲泡时间。尤其是白毫银针，冲水后，芽叶都浮在水面，五六分钟后才有部分茶芽沉落杯底，此时茶芽条条挺直，上下交错，犹如雨后春笋。白茶中寿眉最耐泡，其次是白牡丹。

在茶具方面，冲泡白毫银针、白牡丹宜用玻璃杯，水温以80～85℃为佳；冲泡寿眉宜用盖碗，需用100℃的沸水冲泡。白茶也讲究喝老茶，存放几年的白茶泡茶水温宜高，老寿眉适合煮饮。

■ 中国名优白茶

白毫银针

白毫银针创制于清代嘉庆年间，简称银针，也称白毫。

白毫银针外形挺直如针，芽头肥壮，满披白毫，色白如银。此

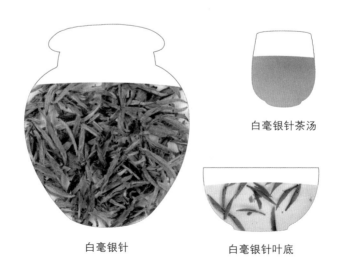

白毫银针茶汤

白毫银针

白毫银针叶底

外，因产地不同，白毫银针品质有所差异：产于福鼎的，芽头茸毛厚，色白有光泽，汤色呈浅杏黄色，滋味清鲜爽口；产于政和的，茸毛略薄，但滋味醇厚，香气芬芳。白毫银针在制作时未经揉捻，因此没有破坏茶芽细胞，所以冲泡时间要长些，否则茶汁不易浸出。

白牡丹

白牡丹干茶绿叶夹银色白毫芽，形似花朵；冲泡后，绿叶拖着嫩芽，宛若蓓蕾初绽。白牡丹于20世纪20年代首创于福建省南平市建阳区水吉镇，现主销港澳地区及东南亚等地。

白牡丹成品茶外形不成条索，似枯萎花瓣，色泽呈灰绿色或暗青苔色；冲泡后，香气芬芳，汤色杏黄或橙黄，滋味鲜醇，叶底浅灰，叶脉微红，芽叶连枝。

白牡丹

白牡丹茶汤

白牡丹叶底

寿眉茶汤

寿眉

寿眉

寿眉主产于福建省福鼎市，采摘一芽二三叶，经萎凋、干燥制成。

寿眉干茶色泽灰绿，冲泡后汤色橙黄明亮，香气鲜纯，滋味甜醇，泡开后叶底整张如眉。寿眉原料较粗老，茶的风味十足。

■ 白茶审评有讲究

外形审评

干茶形态：

- 肥壮：茶芽肥嫩壮实。
- 洁白：茸毛多而富有光泽。
- 连枝：芽叶相连成朵。
- 垂卷：叶面隆起，叶缘向叶背卷起。
- 舒展：叶态平伏伸展。
- 皱折：叶张不平展。

·弯曲：叶张不平展，略弯曲。

·破张：叶张破碎。

·蜡片：表面有蜡质的老片。

干茶色泽：

·银芽绿叶、白底绿面：指毫心和叶背银白，茸毛显露，叶面灰绿。

·墨绿：深绿泛乌，少光泽。

·灰绿：绿中带灰。为白茶正常色泽。

·暗绿：叶色深绿，无光泽。

·黄绿：草绿色。非白茶正常色泽。

·铁板色：深红而暗似铁锈色，无光泽。

汤色审评

·杏黄：浅黄明亮。

·橙黄：黄中微泛红。

·浅橙黄：橙色稍浅。

·深黄：黄色较深。

·浅黄：黄色较浅。

·黄亮：黄而明亮。

·暗黄：黄较深暗。

·微红：色微泛红。

香气审评

·嫩爽：鲜嫩活泼。用于原料较嫩的白茶。

- 毫香：白毫显露的嫩芽所具有的香气。
- 清鲜：清新鲜爽。
- 鲜纯：新鲜纯正，有毫香。
- 酵气：带发酵气味，萎凋过度所致。
- 青臭气：带青叶气味。萎凋不足或火功不够所致。

滋味审评

- 清甜：清鲜爽快，有甜味。
- 醇爽：醇而鲜爽，毫味足。
- 醇厚：醇而甘厚，毫味不显。
- 青味：茶味淡，青草味重。

叶底审评

- 肥嫩：芽头肥壮，叶张柔软。
- 红张：萎凋过度，叶张变红。
- 暗张：色暗黑，多为雨天制茶形成死青。
- 暗杂：叶色暗而花杂。

品饮黄茶有讲究

黄茶属轻发酵茶，具有黄汤、黄叶的特点，采用带有茸毛的芽或芽叶制成。黄茶的制茶工艺类似于绿茶，不同的是，黄茶在制茶过程中增加了闷黄工艺。

▦ 黄茶的制作工艺

黄茶经过杀青、揉捻、闷黄、摊凉、初包、复烘、再包、焙干等工艺制作而成。黄茶制作的特点是杀青、烘焙温度都较低，杀青动作轻而迅速。

▦ 闷黄

闷黄是黄茶加工中的重要工艺，黄茶的黄叶底、黄汤就是闷黄的结果。闷黄就是将杀青、揉捻或初烘后的茶叶趁热堆积，使茶坯在湿热作用下逐渐发生黄变。在湿热闷蒸作用下，叶绿素被破坏，茶叶变黄。闷黄工艺还使茶叶中的游离氨基酸和挥发性物质增加，使得茶叶滋味甜醇，香气馥郁。

▦ 黄茶的分类

黄茶根据原料芽叶的嫩度和大小可分为黄芽茶、黄小茶和黄大茶三类。

①黄芽茶：原料细嫩，采摘单芽或者一芽一叶加工而成，名品为湖南岳阳洞庭湖君山的君山银针、四川雅安的蒙顶黄芽和安徽霍山的霍山黄芽。

②黄小茶：采摘细嫩芽叶加工而成，名品有湖南岳阳的北港毛尖、湖南宁乡的沩山毛尖、湖北远安的远安鹿苑和浙江平阳一带的平阳黄汤。

③黄大茶：采摘一芽二三叶甚至一芽四五叶制作而成，名品有安徽霍山的霍山黄大茶和广东韶关、肇庆、湛江等地的广东大叶青。

■ 中国名优黄茶

君山银针

君山银针产于湖南岳阳的洞庭山，洞庭山又称君山。君山所产的茶，形似针，满披白毫，故茶以地名和茶形结合，称为君山银针。一般认为君山银针始制于清代，现在产量极少。

君山银针

君山银针有名的原因

君山银针以色、香、味、形俱佳而著称。

君山银针的原料需在茶树刚冒出芽头时采摘，经十几道工序制成。君山银针成品茶芽头苗壮，长短、大小均匀，芽身金黄光亮，满披银毫，故得雅号"金镶玉"。君山银针干茶匀整，很像一根根银针；冲泡后，开始时茶叶全部冲向上面，继而徐徐下沉，三起三落，起落交错，令人叹为观止。入口则清香沁人，齿颊留香。

君山银针的采摘标准

君山银针的采摘有严格要求,每年只能在清明前后七天到十天采摘,只采春茶的首轮嫩芽。君山银针对原料要求极高,有开口芽、弯曲芽、空心芽、紫色芽、风伤芽、虫伤芽、病害芽、弱芽、雨水芽、露水芽"十不采"的规定。

君山银针的品质特征

①形态:芽头肥壮挺直,重实匀齐,满披茸毫。

②色泽:金黄泛光,有"金镶玉"之称。

③汤色:杏黄明亮。

④香气:毫香鲜嫩。

⑤滋味:醇厚甜爽。

⑥叶底:嫩黄匀亮。

君山银针茶汤

君山银针

君山银针叶底

蒙顶黄芽茶汤

蒙顶黄芽　　　　　　　　蒙顶黄芽叶底

蒙顶黄芽

蒙顶黄芽产于四川省雅安市名山区的蒙顶山，是蒙顶茶中的极品，茶因产地而得名。蒙顶山产茶已有两千余年历史，自唐至清，蒙顶山茶皆为贡品，是我国历史上最有名的贡茶之一。著名茶对联"扬子江心水，蒙山顶上茶"闻名天下，其中"扬子江心水"指古人评定的天下第一泉——中泠泉，蒙顶茶与之齐名，可见蒙顶茶自古以来就为茶中极品。

蒙顶黄芽干茶外形扁直，芽毫毕露；冲泡后，汤色黄亮，甜香浓郁，滋味鲜醇回甘，叶底嫩黄匀齐。

霍山黄芽

霍山黄芽为黄芽茶，产于安徽霍山，为唐代二十种名茶之一，清代为贡茶，后失传，现在的霍山黄芽是20世纪70年代初恢复生产的。霍山黄芽主产区为佛子岭水库上游的大化坪、姚家畈、太阳河一带，以大化坪的"三金一乌"（金鸡山、金家湾、金竹坪和乌米尖）所产的黄芽品质最佳。

霍山黄芽

霍山黄芽形似雀舌，细嫩多毫，色泽黄绿；冲泡后，香气鲜爽，有熟板栗香，汤色黄绿清明，滋味醇厚回甘，叶底黄亮嫩匀。

▨ 冲泡黄茶有讲究

由于制茶原料不同，冲泡黄茶时所需水温也不同：

①黄芽茶原料细嫩，需使用75～80℃的水冲泡。

②黄小茶采摘细嫩芽叶加工而成，可使用85℃的水冲泡。

③黄大茶采摘一芽二三叶甚至一芽四五叶制作而成，可使用90℃的水进行冲泡。

▨ 黄茶审评有讲究

外形审评

干茶形态：

• 扁直：扁平挺直。

• 肥直：肥壮挺直。

• 梗叶连枝：叶大梗长，梗叶相连。

干茶色泽：

- 金黄：芽色金黄，油润光亮。

- 嫩黄：色浅黄，光泽好。

- 褐黄：黄中带褐，光泽稍差。

- 黄褐：褐中带黄。

- 黄青：青中带黄。

汤色审评

- 黄亮：黄而明亮。

- 橙黄：黄中微泛红，似橘黄色。

香气审评

- 嫩香：清爽细腻，有毫香。

- 清纯：清香纯和。

- 焦香：炒麦香强烈持久。

滋味审评

- 甜爽：爽口而有甜感。

- 甘醇：味醇而带甜。

- 鲜醇：清鲜醇爽，回甘强。

叶底审评

- 肥嫩：芽头肥壮，叶质柔软、厚实。

- 嫩黄：黄里泛白，叶质鲜嫩、明亮。

品饮花茶有讲究

花茶是用茶坯和鲜花窨制而成，又名"窨花茶""香片"等，是一种再加工茶。饮之既有茶味，又有花的芬芳。花茶多以窨的花种命名，如茉莉花茶、桂花乌龙茶、玫瑰红茶等。由于窨花次数、鲜花种类、鲜花质量不同，花茶的香气特点也不一样。

■ 中国名优花茶

花茶中以茉莉花茶的香气最为浓郁，并最受茶客喜爱，是我国花茶中的主要产品。茉莉花茶的主要产地为福建、四川、广西等地，著名品种有茉莉大白毫、茉莉银针、碧潭飘雪等。

茉莉大白毫

茉莉大白毫，简称大白毫，产于福建福州。茉莉大白毫以肥壮多毫的早春大白茶等品种的茶树鲜叶和茉莉伏花（伏天的茉莉花）为原料，经七次窨花、一次提花（七窨一提）制成。大白毫干茶重实匀齐，满披白毫，茉莉花香浓郁鲜灵；冲泡后，茶香明显，花香鲜浓，茶汤微黄，滋味醇厚。

碧潭飘雪

碧潭飘雪产于四川峨眉山。碧潭飘雪不仅香气清透，滋味甜美，泡开后也煞是好看，茶叶形如秀柳，茶汤清澈，呈青绿色，几片茉莉花瓣浮在茶汤上，如一潭碧水上飘洒着点点白雪，意境美好，令人遐思。

111

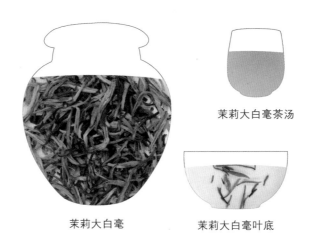

茉莉大白毫茶汤

茉莉大白毫　　　　　　茉莉大白毫叶底

■ 制作花茶有讲究

　　窨制花茶的原料为茶坯和香花。茶，一般使用烘青绿茶，少量使用红茶（如玫瑰红茶）和乌龙茶（如桂花乌龙茶）。花，一般使用茉莉花、玫瑰花、桂花、玉兰花等。

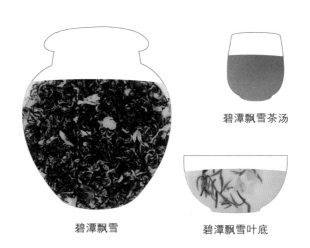

碧潭飘雪茶汤

碧潭飘雪　　　　　　碧潭飘雪叶底

■ 花茶质量的影响因素

花茶是茶坯与香花窨制而成的产品，其品质优劣与茶坯质量有关，也与香花品质和窨制工艺有关。

1. 与茶坯质量相关。宜使用优质烘青绿茶窨制花茶，要求茶叶原料细嫩。

2. 与香花品质相关。要求香花质优香浓。

3. 与窨制工艺相关。花茶香气的浓郁程度常常与下花量和窨制次数有关，下花量大，窨制次数多，则花香浓郁。

此外，香花的新鲜程度、是否提花以及窨制条件等也会影响花茶品质。

■ 冲泡花茶有讲究

冲泡花茶与冲泡绿茶的方法大体相同，需要注意的是，冲泡花茶时需加盖，以免香气散失。如用玻璃杯冲泡花茶，则可在冲水后加盖玻璃片。

■ 花茶审评有讲究

外形审评

干茶形态：

- 细嫩：嫩度高，条索好，有锋苗或多白毫。
- 细紧：嫩度好，条索紧，外表光润，含有少量锋苗或白毫。
- 紧结：条索紧卷，身骨重实。
- 粗壮：条索粗大壮实。

- 匀齐：上、中、下三段茶比例适中，净度好。
- 平直：条索挺直，面张平伏。
- 弯曲：形似钩镰，与挺直相反。

干茶色泽：

- 翠绿：绿中显翠，色泽鲜艳。
- 深绿：绿色深浓。
- 黄绿：绿中泛黄，色泽欠润。
- 枯黄或暗黄：黄而枯燥，暗而无光。
- 匀和：色泽均匀一致。
- 青绿：绿多黄少，少光泽。

香气审评

- 浓烈：香气浓郁，直至冷嗅仍有余香。
- 嫩香：清香芬芳，有爽快感觉。
- 浓郁、馥郁：带有浓长的特殊花香称"浓郁"，比浓郁更好称"馥郁"。
- 清高：香气高长鲜爽。
- 清香：香气清新细长。
- 纯正：香气正，无杂味，但不浓。
- 平淡：香气较低，略有茶味。
- 鲜灵：花香鲜显而高锐。
- 浓：花香饱满。
- 纯：花香、茶香比例调匀，无其他异杂气味。
- 幽香：花香幽雅持久。

滋味审评

- 鲜浓：清爽鲜活。
- 鲜醇：鲜活甘醇。
- 浓厚：入口微苦后甘爽，富有刺激性。
- 醇厚：比浓厚刺激性弱些。
- 醇和：纯洁而淡，无刺激性。
- 涩：入口有麻嘴厚舌的感觉。

汤色审评

- 翠绿：翡翠色中略显黄，如鲜橄榄色。
- 黄绿：绿中显黄。
- 明亮：洁净透明。
- 浑浊：有大量游离物，透明度差。
- 红汤：茶汤变红，失去原茶叶应有的汤色。

叶底审评

- 细嫩：叶质幼嫩柔软，芽头多，反之为粗老。
- 柔软：软绵无弹性，反之为粗硬。
- 肥厚：芽叶肥壮丰满，反之为瘦薄。
- 匀齐：叶的大小、色泽、嫩度一致，反之为花杂。
- 明亮：新鲜有光泽，反之为枯暗。

　　中国茶种类繁多，其中有不少历史悠久、品质一流的茶，如西湖龙井、碧螺春、安溪铁观音等。由于茶树品种和制茶工艺的差别，茶呈现出不同的特质。不同品种的茶，干茶的形态、色泽不同，茶汤的颜色各异，茶的香气和滋味更是千差万别。

十大名茶

任我品

中国十大名茶

关于中国十大名茶的说法不一：

1999年，认定碧螺春、西湖龙井、祁门红茶、六安瓜片、屯溪绿茶、太平猴魁、西坪乌龙茶、云南普洱茶、高山云雾茶、黄山毛峰是中国十大名茶。

2001年，认定西湖龙井、黄山毛峰、碧螺春、蒙顶甘露、信阳毛尖、都匀毛尖、庐山云雾、六安瓜片、安溪铁观音、银毫茉莉花是中国十大名茶。

2002年，认定西湖龙井、碧螺春、黄山毛峰、君山银针、信阳毛尖、祁门红茶、六安瓜片、都匀毛尖、武夷岩茶、安溪铁观音是中国十大名茶。

综合各次公布结果，西湖龙井、碧螺春、黄山毛峰、六安瓜片这四款茶年年入围中国十大名茶，这些茶在色、香、味、形上具有独特的风格和鲜明的特点，可谓中华茶叶极品。

以下列举的十一种茶可为"中国十大名茶"参考：

	茶名	茶类	产地	茶叶特点	关键词
1	西湖龙井	绿茶	浙江杭州	色绿、香郁、味醇、形美	十大名茶之首、乾隆、御茶
2	碧螺春	绿茶	江苏苏州	花香果味	康熙、吓煞人香
3	信阳毛尖	绿茶	河南信阳	熟板栗香	豫毛峰
4	黄山毛峰	绿茶	安徽黄山	清香冷韵	茶中仙子
5	六安瓜片	绿茶	安徽六安	片形烘青绿茶	单叶片茶
6	太平猴魁	绿茶	安徽黄山	尖形烘青绿茶、猴韵	绿金王子
7	安溪铁观音	乌龙茶	福建安溪	观音韵	乌龙茶的代名词
8	大红袍	乌龙茶	福建	岩韵	茶中状元
9	凤凰单丛	乌龙茶	广东潮州	山韵	单丛、香型
10	祁门红茶	红茶	安徽祁门	祁门香	世界三大高香茶之一
11	君山银针	黄茶	湖南岳阳	三起三落	全芽头

品饮西湖龙井有讲究

■ 西湖龙井的创制时间

西湖龙井约始制于明末清初，但从何时起西湖龙井成为现在的扁形，至今尚无定论。

西湖地区产茶历史悠久，据唐代陆羽《茶经》中记载："杭州钱塘天竺、灵隐二寺产茶。"北宋时，上天竺产的白云茶、下天竺产的香林茶、葛岭宝云山产的宝云茶已是贡茶。

从茶叶加工技术演变历史来推测，复杂、精细的扁形龙井茶约形成于明末清初，距今约三百多年。明代嘉靖年间的《浙江匾志》记载："杭郡诸茶，总不及龙井之产，而雨前细芽，取其一旗一枪，尤为珍品。"明代高濂《四时幽赏录》记载："西湖之泉，以虎跑为

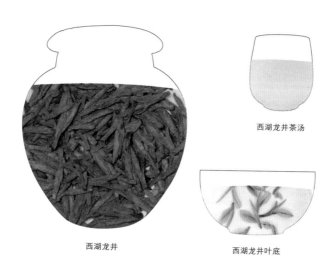

西湖龙井

西湖龙井茶汤

西湖龙井叶底

最。两山之茶，以龙井为佳。"

目前扁形茶主要有龙井、旗枪、大方三种，龙井以西湖为最，旗枪产于杭州周边，而大方茶产于安徽歙县。

■ 西湖龙井的品类

根据产地和制作工艺的不同，西湖龙井历史上被分为"狮""龙""云""虎""梅"五个品类。

①"狮"是"狮峰"，指以狮峰山为中心的胡公庙一带所产的龙井茶，品质最佳。

②"龙"是"龙井"，指翁家山一带所产的龙井茶。

③"云"是"云栖"，指云栖一带所产的龙井茶。

④"虎"是"虎跑"，指虎跑一带所产的龙井茶。

⑤"梅"是"梅坞"，指梅家坞一带所产的龙井茶。

现在的西湖龙井已由过去的"狮""龙""云""虎""梅"五个品类调整为"狮""龙""梅"三个品类。

■ 西湖龙井的分级情况

判断茶叶品质的好坏，除卫生指标需进行理化检验外，其他项目全依赖于感官审评。

感官审评按外形、汤色、香气、滋味和叶底五项因子进行，其中外形审评包括色泽、形态、嫩度、新鲜度等，是审评的重点。以前西湖龙井分为特级和一级至十级共十一级，其中特级又分为特一、特二和特三，其余每级再分为五等，每级的"级中"设置级别标准样。后

西湖龙井

来稍作简化，改为特级和一至八级，共分四十三等。1995年，西湖龙井的级别进一步简化，分为特级、一级、二级、三级和四级共五个等级。

■ **西湖龙井的冲泡与品鉴**

冲泡西湖龙井时，多使用无色透明的玻璃杯，用85℃左右的热水冲泡，冲泡时间为3～5分钟，一般饮至杯中剩余1/3杯茶汤时添水，一般添两三次水。

品饮西湖龙井时应先闻香，再品茶。冲泡后，芽叶形如一旗一枪，簇立杯中，芽叶直立，上下沉浮，茶舞美妙。

■ **西湖龙井的审评方法**

西湖龙井进行审评时，应根据茶的产地，通过干评外形，湿评汤色、香气、滋味、叶底，进行综合评定。

①外形审评：春季采制的西湖龙井，色泽以嫩绿为优，嫩黄为中，暗褐为下。夏季和秋季采制的西湖龙井，色泽青暗或灰褐，是低品质的特征之一。机制西湖龙井的色泽较暗绿。

②汤色审评：高档西湖龙井的汤色呈嫩绿色或嫩黄色，中低档茶和失风受潮的茶汤色偏黄褐。

③香气和滋味审评：高档西湖龙井嫩香中带清香，滋味清鲜柔和。在江南茶区，室温条件下存放的西湖龙井过梅雨季后，汤色变黄，香气趋钝。

④叶底审评：高档西湖龙井叶底细嫩成朵。

西湖龙井茶园

品饮碧螺春有讲究

■ 碧螺春产生的时期

洞庭山出产名茶，唐宋时期已有记载。唐代陆羽《茶经·八之出》中有"苏州长洲生洞庭山"的记载。洞庭小青山坞水月寺是唐代贡茶院遗址，现存一块残碑，上刻宋代诗人苏舜钦诗："万株松覆青云坞，千树梨开白云园。无碍泉香夸绝品，小青茶熟占魁元。"诗中的"小青茶"又名水月茶，产自洞庭山，是宋代贡茶。

清代康熙年间，洞庭茶成为碧螺春现在的样子。清代王应奎《柳南续笔》中记载："洞庭东山碧螺峰石壁，产野茶数株，每岁土人持竹筐采归，以供日用，历数十年如是，未见其异也。……茶得热气异香忽发，采茶者争呼吓煞人香。"清代康熙三十八年（1699年），康熙帝驾幸太湖，喝到"吓煞人香"，觉得茶名不雅，于是为之赐名"碧螺春"。

■ 碧螺春有独特花香的原因

古诗云：洞庭碧螺春，茶香百里醉。

碧螺春的独特花香源于产地独特的物候条件。太湖洞庭山分东、西两山，东山是一个宛如巨舟伸进太湖的半岛，西山是一个屹立在湖中的岛屿。两山风景优美，气候温和湿润，土壤肥沃。与众不同的是，洞庭山的茶树间种在枇杷、杨梅、柑橘等果树之中，茶叶既具有茶的特色，又具有花果的天然香味。碧螺春以形美、色艳、香高、味

碧螺春

醇驰名中外。人们用"入山无处不飞翠，碧螺春香百里醉"来形容它的香高持久。

■ **碧螺春的分级情况**

目前，碧螺春分为特级一等、特级二等、一级、二级和三级。芽叶随级别逐渐增大，茸毛逐渐减少。级别数字越小，茶叶品质越高。

■ **碧螺春的冲泡方法**

碧螺春的冲泡极具艺术美感，为了方便观赏茶舞，可选用洁净透明的玻璃杯进行冲泡。每杯茶投茶量为3克，可根据个人喜好调整茶叶用量。在泡茶水温方面，优质碧螺春用75℃热水冲泡。

因碧螺春干茶茸毛多，故使用上投法进行冲泡，以免茶汤因茶毫被水击打而浑浊。

冲泡过程：

①温杯。温杯的目的在于提高杯子的温度，同时清洁茶具。

②赏茶。将茶叶拨至茶荷中展示给喝茶的人。

③冲水。注入75℃的热水至杯的七分满。

④置茶。将茶叶徐徐拨入杯中，满披茸毛的细嫩茶芽吸水后迅速沉降舒展，茶汤渐显玉色，清香扑鼻。

⑤冲泡。浸泡时间为两三分钟，之后可慢慢品饮。

上投法

■ 碧螺春的品鉴方法

通过赏干茶、闻茶香、品滋味、看叶底来判断碧螺春的品质。

①赏干茶。优质碧螺春干茶细紧，稍弯曲，像蜜蜂的腿。茶芽上有白毫，茸毛紧贴茶叶，色白隐绿。干茶闻起来自然清香，带有纯正的甜香味。

②闻茶香。将75℃左右的热水先倒入杯中，后放入茶叶。第一泡茶开汤后甜香味最浓，有清新的花果香，香气高而持久；第二泡茶开汤后香气清鲜纯正。

③品滋味。第一泡茶开汤后滋味以甜香为主，口齿留香持久；第二泡茶开汤后滋味最浓，喝起来有点苦，微带涩，回味甘甜，生津快。

④看叶底。叶底芽头匀齐嫩软，韧性好，色泽绿黄明亮。

碧螺春

碧螺春茶汤

碧螺春叶底

品饮信阳毛尖有讲究

■ 信阳毛尖因何得名

信阳毛尖得名于清末，因芽叶细嫩，并有白毫而得名"毛尖"，又因产地在信阳，故名"信阳毛尖"。

历史上，信阳茶有过不同的叫法。唐朝时，信阳茶叫"大模茶"；明朝时，信阳茶叫"芽茶"或"叶茶"；清末，"毛尖"这个茶名才出现。

信阳毛尖曾荣获1915年万国博览会名茶优质奖，1959年被列为中国十大名茶之一。

■ 信阳毛尖的分级情况

目前，信阳毛尖春茶分为特优、特级、一级、二级和三级；夏茶、秋茶分为一级、二级和三级。

■ 信阳毛尖的冲泡方法

①洁具。用沸水浇烫茶具，不仅能去除茶具的异味，起到高温消毒的作用，还有助于挥发茶香。

②凉水。信阳毛尖茶芽细嫩，因此水温不宜过高，以80℃左右为宜。

③赏茶。将茶叶拨至茶荷中，展示给喝茶的人观赏。

信阳毛尖茶汤

信阳毛尖

信阳毛尖叶底

④注水。一般采用中投法进行冲泡，先倒入1/3玻璃杯的热水，然后再置茶。

⑤置茶。每杯茶投茶量为3~5克。

⑥冲泡。冲泡信阳毛尖，讲究"高冲水、低斟茶"。向玻璃杯中注水时，需高提水壶，让水自高点下注，使茶叶在壶内翻滚、散开，让茶叶中的内含物质充分释放出来。

■ **信阳毛尖的品鉴方法**

①赏干茶。品质优异的信阳毛尖外形细、圆、光、直、多毫，色泽鲜绿光润，不含杂质。

②搓捻干茶。用食指和拇指抓取少量茶叶，用力搓捻。若搓捻时有部分干茶粉碎，说明茶叶含水量适当；若仅有少量干茶粉碎或全部粉碎，说明含水量过高或过低，品质欠佳。

③尝干茶。取少许干茶放入口中，用口水润化后品尝。品质好的

信阳毛尖鲜爽味、甜醇味、涩味均衡。

④闻干茶。取少量信阳毛尖茶叶，嗅闻干茶的香气。品质好的信阳毛尖香气高雅，清新怡人。

⑤闻茶香。冲泡3～5分钟后，快速吸嗅两三次。品质好的信阳毛尖香气独特，带有熟板栗香、甜香或焦糖香。

⑥品滋味。先喝少量茶汤，品尝茶汤的味道，再把口中茶汤徐徐咽下，体会入喉的感觉。品质好的信阳毛尖滋味鲜爽醇厚，入喉圆润，回甘悠长。

⑦看叶底。倒出叶底，观察叶底的芽叶比例、嫩度、色泽、匀整程度等。品质好的信阳毛尖叶底嫩绿光鲜，芽叶匀齐。

品饮黄山毛峰有讲究

■ 黄山毛峰因何得名

清代光绪年间，漕溪人谢氏在上海漕溪路开设茶行，为了茶行有好茶以提高市场竞争力，满足高档茶的消费需求，谢氏带领族人寻访高山好茶，在漕溪充川一带采摘肥壮的嫩芽、嫩叶，以手工精细炒焙制成茶叶，很受茶客欢迎。因此茶满披白毫，鲜叶又采自黄山高峰，故被命名为"黄山毛峰"。

■ 黄山毛峰的分级情况

黄山毛峰分为特级、一级、二级和三级。其中特级又分特一级、特二级和特三级。

■ 黄山毛峰的冲泡方法

黄山毛峰可用玻璃杯或瓷壶冲泡。准备好玻璃杯、3克茶叶和100℃的沸水，准备泡茶。

①温杯。向杯中注入100℃的沸水至杯子的1/3处，温杯后将水倒掉。

②置茶。取3克茶叶拨至杯中，嗅闻茶香。

③凉水。将沸水倒入容器中稍稍放凉，至约75℃。

④冲水。冲入75℃的热水至杯的七分满。

⑤泡茶。将茶叶浸泡两三分钟，待茶叶吸水徐徐下沉后便可饮用。

■ 黄山毛峰的品鉴方法

特级黄山毛峰外形如雀舌，满披白毫，芽叶油润光亮，色如象牙，且带有金黄色鱼叶，俗称"金黄片"。金黄片和象牙色是特级黄山毛峰与其他级别的黄山毛峰不同的两大明显特征。冲泡后的黄山毛峰清香四溢，汤色清澈微黄，滋味鲜浓甘甜，叶底嫩黄均匀，肥壮成朵。黄山毛峰的冷香为人称道，茶凉后，"幽香冷处浓"，香醇依然，韵味独特。

黄山毛峰茶汤

黄山毛峰

黄山毛峰叶底

品饮六安瓜片有讲究

■ 六安瓜片独特品质的成因

六安瓜片是烘青绿茶，其独特的品质不仅源于产区优越的自然环境，也源于茶叶独特的加工工艺。六安瓜片从采摘到杀青再到烘焙要经过十三道工序。

六安瓜片的品质不同于其他绿茶，主要原因在于其烘焙工艺。六安瓜片的烘焙过程分为拉毛火、拉小火、拉老火三道工序，其中拉老火对六安瓜片的色、香、味、形影响最大。老火要求火势猛、温度高，一烘笼茶叶要烘翻几十次，直至叶片绿中带白霜，色泽油润均匀才算烘制完成。

经过制作过程中三重火焰的洗礼，六安瓜片茶性温和，茶汤偏黄，口感醇厚，不苦不涩，喝下去绵醇柔软，具有兰花的香气和浓郁的熟板栗香。

■ 六安瓜片的分级情况

六安瓜片成品茶分为特一、特二、一级、二级和三级。

■ 六安瓜片的品鉴方法

①观色。优质六安瓜片色泽铁青透翠，老嫩、色泽一致。

②观形。优质六安瓜片呈片卷顺直、长短相近、粗细匀称的条形。

③闻香。干茶有清新透鼻的香气，尤其是有熟板栗香的为佳；有青草味说明炒制功夫欠缺。

④嚼味。优质六安瓜片咀嚼后先苦后甜，苦中透甜，略用清水漱口后有一种清爽甜润的感觉。

⑤品味。先慢喝两口茶汤，再细细品味，正常都有微苦、清凉和丝丝的甜味。品质好的六安瓜片冲泡的茶汤，能够使人明显感觉到茶汤的柔度。

⑥看叶底。优质六安瓜片叶底嫩绿明亮，散开呈叶片状，叶片大小相近，片片叠加。

六安瓜片

品饮太平猴魁有讲究

■ 太平猴魁的采摘

太平猴魁茶青为一芽三叶，芽叶壮实，因此在谷雨前后才开园采摘。

太平猴魁的采摘标准极为严格，杀青、整形的工艺要求也很高，所以上品猴魁的产量很少。谷雨前后，当20%的芽梢长到一芽三叶初展时，即可开园。之后三四天采一批，立夏便停采。

■ 太平猴魁的分级情况

传统的分级方法，是将太平猴魁分为三个级别，分别为猴魁、魁尖和尖茶。现在将太平猴魁分为五个等级，即极品、特级、一级、二级和三级。

■ 太平猴魁冲泡时的特别之处

太平猴魁干茶条索长大，冲泡方法跟其他绿茶大体相同，特别之处是置茶前多了一道"理茶"的程序。

由于猴魁生产环境的特殊性，使得其鲜叶具有很强的持嫩性，叶片长长后依然具有很高的鲜嫩度，故优质的太平猴魁有长长的条索，成品茶条索长5～7厘米，甚至更长。泡茶前，需要把茶叶的叶尖、叶柄理顺，叶柄向下放入茶杯。

■ 太平猴魁的品鉴方法

太平猴魁可从外形、汤色、香气、滋味和叶底五个方面进行品鉴：

①外形：干茶扁平挺直，魁伟重实，两叶一芽，个头较大，条索长5～7厘米；色泽苍绿匀润，阴暗处看绿得发乌，阳光下看绿得好看，无微黄的现象。

②汤色：嫩绿清亮。

③香气：高爽持久，一般都具有兰花香。

④滋味：鲜爽醇厚，回味甘甜，泡茶时即使投茶过量，也不苦不涩。

⑤叶底：嫩绿明亮，芽叶肥壮成朵。

太平猴魁

品饮安溪铁观音有讲究

■ 茶树生长的海拔与安溪铁观音品质的关系

不论茶树种植的海拔如何变化，安溪铁观音都具有特有的兰花香气。适制安溪铁观音的茶树适宜生长的海拔为600～900米，不同海拔生长制作的安溪铁观音口感还是有差别的。海拔在600米左右的茶树鲜叶制作的安溪铁观音，圆结匀整，砂绿油润，汤色金黄，滋味醇厚回甘，叶底微带红边；海拔800米以上的茶树鲜叶制作的安溪铁观音，紧结沉重，汤色清澈金黄，兰花香气浓郁，观音韵显现，"绿叶红镶边"；海拔900米以上的茶树鲜叶制作的安溪铁观音，沉重紧结，砂绿油润，投入盖碗，有清脆的响声，冲泡后，汤色明亮金黄，透彻如油，滋味鲜爽醇厚，回甘久远，观音韵明显，叶底肥厚软嫩，红变加剧。

■ 安溪铁观音的存放

安溪铁观音发酵度较高，发酵为30%，又经过文火烘焙，干燥度控制在6%左右，自然存放不会变质，适合长时间存放变成老茶。安溪铁观音的老茶当地又称"老铁"，观音韵依旧浓郁，咖啡碱转化成糖类物质，口感更为醇香。当地老百姓若肠胃不舒服，泡一壶"老铁"来喝，几杯热茶下肚，肠胃顿觉舒爽。

安溪铁观音

■ 安溪铁观音根据香气进行的分类

安溪铁观音根据香气可分为清香型铁观音、浓香型铁观音和韵香型铁观音。

清香型铁观音为安溪铁观音的高档产品，原料来自铁观音发源地安溪高海拔、岩石基质土壤种植的茶树，具有鲜、香、韵、锐的特色。冲泡后，香气高强，浓郁持久，醇正回甘，观音韵足，茶汤呈金黄色，清澈明亮。

浓香型铁观音以传统工艺"茶为君，火为臣"制作而成，有醇、厚、甘、润的特色。干茶肥壮紧结，色泽乌润，香气纯正，带甜花香或蜜香、栗香，汤色呈深金黄色或橙黄色，滋味醇厚甘滑，观音韵显现，叶底带有余香，可多次冲泡。

韵香型铁观音的制作方法是在传统正味做法的基础上再经过120℃高温烘焙10小时左右，以提高滋味醇度，增强香气。韵香型铁观音原料来自铁观音发源地安溪高海拔、岩石基质土壤种植的茶树。干茶有浓、韵、润、特的特色，冲泡后，香气高，回甘好，韵味足，长期以来备受广大消费者的青睐。

■ 安溪铁观音的冲泡方法

冲泡安溪铁观音最常使用的是盖碗和紫砂壶。安溪茶区习惯用盖碗冲泡铁观音，因为盖碗泡茶出汤迅速，可使香气凝集，且用后好清理。使用盖碗时用大拇指和中指提盖碗的两侧，食指摁住盖纽，杯盖和杯身之间要留一点缝隙。

冲泡安溪铁观音的要点是：

①水要烧至沸腾，水温以100℃为宜。

②在投茶量方面，以盖碗容量的1/3为宜。

③出汤至公道杯中，以便分茶品饮。

安溪铁观音冲泡

■ 安溪铁观音的品鉴方法

品鉴安溪铁观音，可以通过一看、二听、三闻、四品、五察的方法。

一看：看外形。优质安溪铁观音茶条卷曲，壮结沉重，呈青蒂绿腹蜻蜓头状，色泽砂绿鲜润，红点明显，叶表带白霜。

二听：听声音。优质安溪铁观音茶叶较紧实，茶叶粒较重。取少量茶叶，听其入壶声，声清脆者为上，声喑哑者为次。

三闻：闻香气。判断茶叶是否有兰花清香，是否有异味、焦味、酸味、杂味。安溪铁观音有独属的兰花清香，若是带着其他异味的则不是。

四品：品滋味。品质好的安溪铁观音，细品一口，可感茶汤醇厚甘鲜，缓慢下咽，回甘绵长，韵味无穷。

五察：观察叶底、汤色。优质铁观音叶底肥厚明亮，有绸面光泽，且不含杂质；茶汤金黄，浓艳清澈。

品饮大红袍有讲究

■ "大红袍"的几种含义

"大红袍"这三个字，至少有以下三种含义：

①指名丛奇种大红袍，即九龙窠的大红袍母株的茶树品种。

②指用大红袍母株通过无性繁殖栽培的茶树鲜叶制作的茶叶的名称。

③指用多种岩茶原料拼配而成的，具有大红袍茶叶特征的茶叶。

■ 大红袍的"岩韵"

大红袍是武夷岩茶中的代表名茶，具有明显的岩韵。岩茶首重岩韵。简单地说，岩韵就是武夷岩茶所具有的岩骨花香的韵味特征。"岩骨花香"中的"岩骨"可以理解为岩石味，是茶特别的醇厚浓郁与长久不衰的回味；"花香"是岩茶沉稳、浓郁的茶香。岩韵为武夷岩茶所特有，是武夷山山区茶叶的特质。

■ 大红袍需要放一放再喝

品质好、身骨重实的大红袍一般都经过多次焙火，刚加工好的茶叶喝起来会感觉有一点刺激，俗称"有火气"。所以有一种说法，加工好的大红袍放一年，"退退火"再喝。存放后的大红袍茶汤会更加顺滑，而馥郁的香气、醇厚的滋味并不会因此而减退。

■ 大红袍的分类

大红袍有很多种分类方法，根据品质，可分为特级、一级和二级；根据产地，可分为正岩大红袍和丹岩大红袍；根据茶香，可分为清香型大红袍和熟香型大红袍。

■ 大红袍的品鉴方法

通过干茶色泽、汤色、香气、滋味、叶底和冲泡次数，可以判断大红袍的品质。

①色泽：新茶色泽油润略带宝色为佳品，陈茶色泽油润深褐为佳品。

②汤色：橙黄至橙红且清澈明亮者为上品。

③香气：大红袍不仅要闻香，还要注重水中香、口中香、吐气香和杯底香，香气越强，品质越佳。

④滋味：品质好的大红袍，滋味甘爽顺滑，有黏稠感，回味非常明显。劣质大红袍滋味淡薄、苦涩、酸麻。

⑤叶底：品质良好的大红袍，冲泡后叶片展开，且极柔软，有弹性，红边较显。

⑥冲泡次数：品质越好的大红袍，冲泡次数会越多，佳品大红袍"七泡八泡仍有余香，八泡九泡仍有余味"。

大红袍叶底

大红袍茶汤

品饮凤凰单丛有讲究

■ 凤凰单丛的基础香型

凤凰单丛的基础香型有黄枝香、蜜兰香、肉桂香、玉兰香、夜来香、芝兰香、姜花香、桂花香、杏仁香、柚花香等。

■ "鸭屎香"的来历

凤凰单丛中有一种香型被称为"鸭屎香",但是这款茶不仅没有鸭屎的味道,且香气浓郁高扬,汤色橙黄清澈,滋味醇厚浓烈。那它为什么起了个这么不雅的名字呢?很多年前,这款茶从乌岽山引进过来,种在土壤发黄的茶园里,当地人称这种土为"鸭屎黄"。茶树生根发芽,长出来的叶子像鸭脚。用这种茶树鲜叶制作出来的茶条索粗壮,匀整挺直,泡出来的茶汤明亮,香气高扬。茶园的主人怕别人偷种,于是,谎称是"鸭屎香"。尽管名字不雅,但是人们却很喜欢这款茶,纷纷裁剪栽培。"鸭屎香"的名字也就流传下来了。

■ 凤凰单丛的冲泡方法

冲泡凤凰单丛,当地人的潮州工夫泡法从茶具到冲泡都有很多讲究。

潮汕工夫茶茶具

　　①茶具。冲泡凤凰单丛工夫茶的必备用具称为"潮汕四宝"：孟臣罐，是小容量紫砂壶，最适合用来冲泡浓香的凤凰单丛；若琛瓯，即品茗杯，为白瓷翻口小杯，杯小而浅，容量10~20毫升；玉书煨，是烧开水的扁形陶壶，容量并不大，材质为潮州红泥；潮汕炉，是红泥小火炉，有高有矮，炉心深而小，热力足而均匀。

　　②冲泡。工夫茶是广东潮汕地区和福建闽南地区传统的品茶方式，有独特的冲泡方式和斟茶方式，融精神、礼仪、技艺于一体，是现代茶艺的基础。泡茶时，通常以孟臣罐为中心，三四只若琛瓯放在一只椭圆形或圆形的茶盘上。烧水时对用水、用炭都有一定要求，泡饮时的流程有温罐、烫杯、高冲、低斟，讲究淋壶和巡、点的分茶方式。品饮时讲究茶礼，使人有物质、精神双重收获。

凤凰单丛的品鉴方法

①看外形。凤凰单丛外形呈条索状，肥壮匀整，整体的色泽为黄褐色，有的品种颜色会稍微偏绿一点，有的有一些朱砂般的红点。如果茶叶较零碎，有霉味，说明是劣茶。

②看汤色。凤凰单丛茶汤金黄透明，没有沉淀物。

③闻香气。凤凰单丛的香气类型很多，有兰花香、桂花香、茉莉花香、蜜兰香等。

④观叶底。冲汤后，真品凤凰单丛叶底比较肥大，茶身看起来很丰满，边缘呈朱红色，叶腹部颜色较浅，接近黄色。假冒的茶叶冲汤后，整个叶片颜色没有变化。

品饮祁门红茶有讲究

■ 祁门红茶的"祁门香"

祁门红茶经初制、揉捻、发酵等多道工序加工制作而成。成品茶内质香气浓郁高长，似蜜糖香，又蕴藏有兰花香，茶香似花、似果、似蜜，世称"祁门香"。清饮更能领略祁门红茶的独特茶香。

■ 祁门红茶的冲泡方法

祁门红茶可以清饮，也可以调饮。清饮时，习惯上使用瓷壶，用下投法进行冲泡，即先放茶叶，后冲入沸水。冲泡细嫩的高档祁红时水温应稍低。调饮时，先冲泡好茶汤，之后加入热牛奶、糖，或放入柠檬制成柠檬茶。

■ 祁门红茶的冲泡要点

①祁门红茶是高香茶，冲泡前要先闻香，冲泡过程中需要使用闻香杯。投入茶叶后摇晃几下便能闻到祁门红茶的特殊香气。

②祁门红茶冲泡后不宜马上饮用，建议在杯子里保留两三分钟再出汤。为了更好地观察茶汤的颜色，最好使用玻璃茶具或白瓷茶具进行冲泡。

■ 祁门红茶的品鉴方法

品鉴传统的祁门红茶与品鉴一般红茶大同小异，主要包括观外形、闻香气、观汤色、品滋味、观叶底等。

①观外形：条索紧细、匀齐的质量好；条索粗松、匀齐度差的质量次。色泽一致、乌润的质量好；色泽不一致、枯暗的质量次。

②闻香气：香气馥郁的为优；香气不纯、带有青草气味的为次；香气低闷的为劣。

③观汤色：汤色红艳、茶汤边缘形成金黄圈的为优；汤色欠明的为次；汤色深浊的为劣。

④品滋味：滋味醇厚的为优；滋味苦涩的为次；滋味粗淡的为劣。

⑤观叶底：叶底明亮的为优；叶底花青的为次；叶底深暗、多乌条的为劣。

祁门红茶

品饮君山银针有讲究

■ 君山银针冲泡时的"三起三落"

　　君山银针适合用玻璃杯冲泡。冲泡初始，可以看到芽尖朝上，蒂头下垂而悬浮于水面，清汤绿叶甚是优美。随后芽叶缓缓下落，忽升忽降，多者可"三起三落"，最后竖沉于杯底，芽光水色，浑然一体。如此上下沉浮，使人不由得联想起人生的起落。此时端起茶杯，顿觉清香袭鼻，闻香之后品茶，茶汤口感醇和鲜甜。"三起三落"是由茶芽吸水膨胀和重量增加不同步，芽头比重瞬间变化引起的。

君山银针茶汤

君山银针叶底

■ 君山银针的品鉴方法

　　①看外形。优质君山银针芽头苗壮，大小、长短均匀，内面呈金黄色，外层白毫包裹完整紧密，像一根根银针。假茶或劣质茶外形长短不一，有的夹杂老叶，或整体都是老叶，闻起来有青草味。

　　②观察冲泡过程。优质君山银针冲泡后的茶汤呈浅黄色，香气清新，茶芽在水中竖立。假茶或劣质茶茶汤中的茶芽不能立起来，或直接沉到茶杯底部。

君山银针